# ファーブルの
# 電気と蒸気の話

アンリ・ファーブル 著
大杉 栄・安成四郎 訳／中 一夫 編

やまねこブックレット

仮説社

アンリ・ファーブル
(1823 ~ 1915)

# ファーブルの 電気と蒸気の話

アンリ・ファーブル 著　大杉 栄・安成四郎 訳／中 一夫 編

## 電気の話

静電気の実験……6
雷……13
雷の実験……22
避雷針とフランクリン……28
電信と電話……35

## 蒸気の話

蒸気の力……42
蒸気機関……49
蒸気機関の発明者 ドニ・パパン……54
蒸気機関車……61
スティーブンソン親子の発明……67
『昆虫記』だけではないファーブルの広大な世界　中 一夫……74

初出：大杉栄・安成四郎訳『（ファブル科学知識叢書１）自然科学の話』（アルス，1923）より

# 電気の話

# 静電気の実験

## 寒い冬をたのしむ実験

冬がくると、寒さで凍った地面は、歩くたびに靴（くつ）の底と触れ合ってカチカチ音がする。池や沼の上には薄い氷が張り、北風はヒューヒューと木の枝を吹きまくっている。寒くて外で遊ぶことができないし、家の中ばかりにいると退屈で、一日中「なにをして過ごせばいいか」ということばかり考えてしまう。どうやって退屈をしのげばいいだろう？

寒いのを我慢して外へ行くと、寒さのためにたちまち手はかじかんで、ボールを投げて遊ぶことも、コマを回して遊ぶことも思うようにできなくなってしまう。だから何といっても、冬は火のそばに限る。赤く燃えたストーブのそばが一番いい。猫なんかは真っ先にこのことに賛成するだろう。それどころか、相談する前にもう実行している。目を半分閉じ、脚を腹のところにかかえるようにして、ストーブのそばでのんき気そうに喉（のど）をゴロゴロさせている。

冬は空気が乾燥しているから、それを利用する実験にはいちばんいい時期だ。今日はとくによく乾燥しているから、実験には最適だ。実験はボール投げやコマ回しのように単に面白いだけではなく、新しい知識が得られるし、そのうえ、とてもいい退屈しのぎになる。さあ、では実験に取りかかることにしよう。

## ガラス棒と毛織の布

この実験には手頃なガラスの棒が必要だ。もしそれが無ければ、ビール瓶のようなガラス瓶でもいい。エボナイト〔編注：硬く光沢をもったゴム〕の棒か硫黄か松ヤニのかたまりがあればなおいい。それに手のひらくらいの大きさの毛織〔ウール〕の布がほしい。もっとも毛織の服を着ていれば、十分それで間に合わせることができる。

道具がそろったら、いよいよ取りかかってみよう。まずガラス棒と毛織の布を手に取ってストーブで暖めて、できるだけ乾燥させる。それがすんだら、毛織の布でガラス棒をはげしくこする。こすっただけでは見たところ何も変わったようには見えないが、それでいい。

あらかじめ机の上に細かい紙切れ、藁の切れ端、鳥の羽根などの小さなものを置いておく。別にこれ以外でも、小さくて軽いものでさえあれば、何でもいい。そして毛織の布でこすったガラス棒をその上に近づける。そうすると、紙切れも藁も羽根もみな飛び上がってガラス棒に吸いついてしまう。

うまくいったら、もっと面白いことをしよう。ニワトコの木の枝の芯を小さく切って、それを糸で結びつけてどこかへぶら下げる。ぶら下げた芯が揺れ動かなくなったら、毛織の布でこすったガラス棒を近づけるのだ。するとニワトコの芯はたちまちガラス棒の方へ飛んできて、吸い付いてしまう。

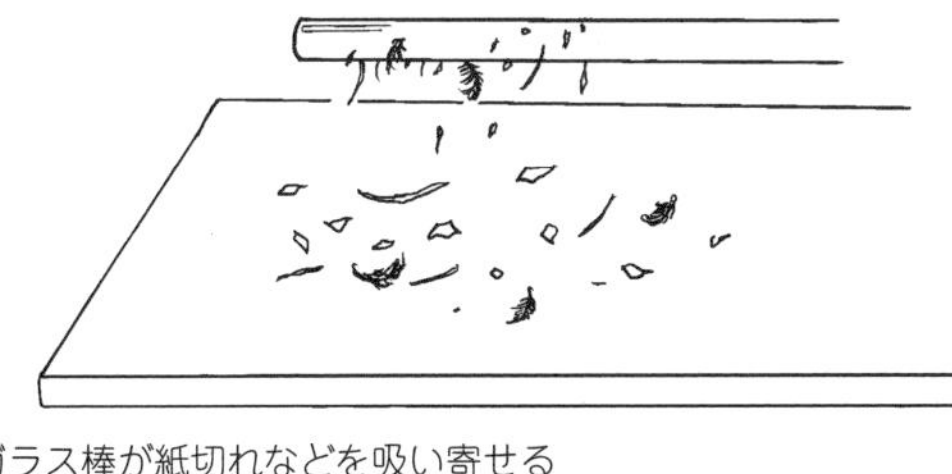

ガラス棒が紙切れなどを吸い寄せる

硫黄や松ヤニの塊（かたまり）、エボナイトの棒、その他いろいろなもので、同じようなことができる。毛織の布でこれらをこすると、紙切れなど軽いものなら何でも吸い付いてくる。

## 紙を使った実験

紙を使ってもう一つ面白い実験ができる。一枚の紙を持って来て、それを二つに折り、両端を持ってストーブでよく乾かす。そして、毛織のズボンをはいていたら、その紙を膝の上に当てて勢いよくこする。もしズボンが毛織でなかったら、膝を覆（おお）うくらいの毛織の布を膝へ乗せて、その上で紙をこすればいい。そのとき、紙と膝をこすり合わせる前に、両方ともよくストーブであぶって完全に乾燥させておく必要がある。少しでも湿気があると、この実験はうまくいかない。

紙の両端を持って何度も何度も膝の上でこすったら、紙を片手で支えて、こすった方を下に向けて机の上の紙切れや藁や羽根に近づけてみよう。すると、紙切れや藁や羽根がたちまち紙に吸いつけられる。そして、しばらくの間はそのまま吸いついているが、じきに紙から離れて机の上に落ち、落ちたかと思うと、また改めて跳ね上がって紙に吸い付く。こんな風にして、紙と机の間の忙しいダンスはしばらくのあいだ続く。

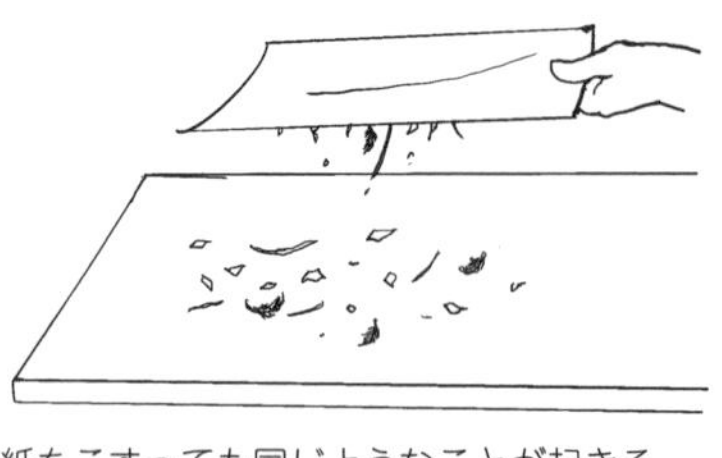
紙をこすっても同じようなことが起きる

長い藁や大きな羽根のようなものは、紙まで跳ね上がるには少し重いので、半分頭を持ち上げたり、まっすぐに立ったりして、跳ね上がろうか、どうしようかと、頭を振りながら考えているように見える。そうしている間に忙しいダンスも収まり、静かになってしまう。こすり合わせた紙が持っていた不思議な力がだんだん弱くなってきて、紙に吸いつけられたものはみんな下に落ち、ダンスもすっかり終わってしまう。けれども、また紙を暖めて乾かし、毛織の布とこすり合わせると、この実験は何度でも飽きるまで繰り返してやることができる。

## 不思議な力の正体

この不思議な現象は、毛織の布とこすりあわせたことで起こった。紙切れにしろ、藁にしろ、羽根にしろ、糸につるしたニワトコの芯にしろ、いくら紙や硫黄やエボナイトやガラスの棒を近づけても、毛織の布とこすり合わせない限り、決して跳ね上がったり吸いついたりはしない。触れるくらいすぐそばに近づけても、決して動くことはない。

ガラスや硫黄やエボナイトなどにはそれぞれ重さや色や固さがあるが、この不思議な力はいつでもあるというものではない。これはこすり合わせることによっておこった一時的な現象で、この現象は普通、ほんのわずかな時間のうちに消えてしまう。

こすり合わせることによってガラスや松ヤニやエボナイトや硫黄や紙におこったこの現象

を、〈帯電（たいでん）〉という。帯電すると、小さな軽いものを吸い付ける性質が現れる。この吸い付けるものの正体が、〈電気〉というものなのだ。

こう言うと、「電気とは何だろう？」という疑問が起こるだろう。電気というものは見たりさわったり、あるいは重さを測ったりすることができるものだろうか？

いいや、違う。電気は決して、見たり、さわったり、重さを測ったりすることができないものなのだ。電気は重さも体積も、形もない不思議なものなのだ。決して「これが電気だ」と言って、みんなの手に置くことはできないが、不思議な状態でみんなに見せることができる。

〔編注：いまでは電気の正体は〈自由電子〉という原子よりもはるかに小さな重さや体積のある粒であることがわかっています〕

## 電気の火花

膝の上でこすって帯電させた紙に話を戻して説明しよう。紙を帯電させたら、それを片手に持って大急ぎで暗い部屋に行こう。そしてそこで、帯電した紙に何か先のとがったものを近づけてみよう。鍵の先でもいいし、握りこぶしの先でもいい。すると、紙と近づけたものの間に、火花のようなものが飛ぶのが見える。パ

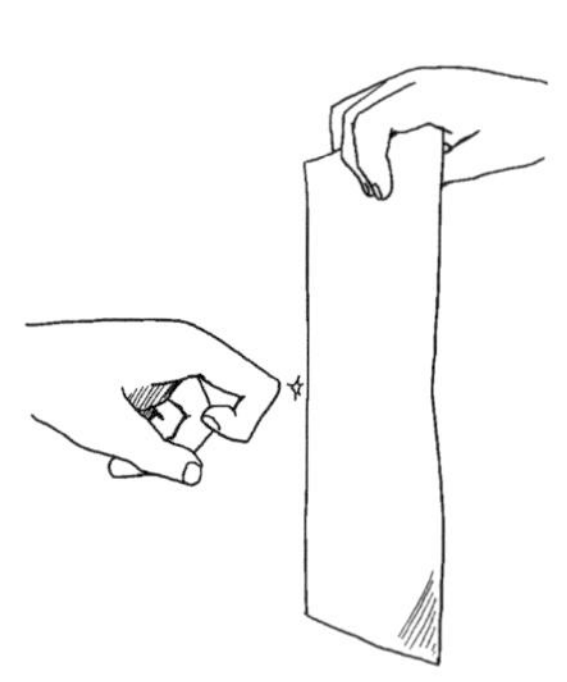

こぶしの先と紙の間に起きる火花

チパチという小さな音が同時に聞こえる。

　この一瞬の光、輝く火花こそ、紙から近づけたものに移っていく電気なのだ。実にきれいだが、一瞬で消えてしまう。火花が出たらもうそれでおしまいで、紙は一時的に帯びた電気を失ってしまう。それ以上はいくら鍵を近づけても、握りこぶしの先を近づけても、火花は二度と起こらない。

　もう一度火花を飛ばそうと思ったら、改めて紙を乾かし、毛織の布とこすり合わせないといけない。そしてこすり合わせさえすれば、何回でも何十回でも、好きなだけ火花を飛ばすことができる。退屈な冬の暇つぶしにこれほど面白い遊びがあるだろうか？

## 猫の実験

　紙から火花を飛ばして遊ぶのはとても面白いが、それよりもっと面白い遊びがある。そこに寝転んでいる猫がいる。その猫を使っておもしろい実験をみせてあげよう。

　猫を連れて暗い部屋へ行こう。そしていつも猫を撫(な)でるように、手のひらで猫の背を撫でてみよう。手のひらで軽く撫でたところで、紙から飛んだような火花が輝くだろう。紙の時のように飛んで輝くという感じではないが、毛の先がひとかたまりになってピカピカ光る。

　その火花の数を数えようと思っても、とても数えられない。猫の背はまるで火がついたようにパチパチ小さな音を立てながら輝きだす。撫でている限り、いつまでも火花を見ることができる。とはいえ、猫が嫌がるのを無視してあまり長くやっていると爪でひっかかれるから、ある程度火花を見たら放してやったほうがいい。

この猫の背から出る火花も、暖かくなった毛と人間の手のひらとでこすり合わされておこる電気の結果だ。紙をこすって起こした電気も、エボナイトやガラスをこすって起こした電気も、電気としては同じだ。ただ、紙をこすって起こした電気は量が多いから火花が飛び出しただけのちがいだ。

この実験はもうこのくらいにしておこう。この実験は、空気が乾燥している時でないとうまくいかない。乾燥した冬の日を選んだほうがいいのはそのためだ。とはいえ、もし空気が適度に乾燥していれば、冬でなくても、いつでも実験することができるのだ。

# 雷

## 紙や猫の火花が教えてくれるもの

紙から火花を出したり、猫の背に真珠のような輝きを起こさせることは、誰がやっても面白い。しかし、面白いからといって、この遊びをただ暇つぶしにしていたのではもったいない。ただ遊ぶだけでなく、その遊びから新しい知識を得ることが大切だ。一見、なんでもないように見える遊びでも、私たちに何かを教えてくれることがあるからだ。では、紙や猫の背から出る火花は、私たちに何を教えてくれるのだろうか？——それは、雷（かみなり）についてだ。

## 雷はどんなもの？

〈雷〉という言葉を聞いただけで、顔色がたちまち真っ青（まさお）になる人が少なくない。もし実際に稲妻（いなづま）が輝き、雷が天が裂けるように鳴ったら、そういう人はいったいどうなってしまうだろう？恐ろしさに耐えかねて、「ああもう俺は死んだ！」と思うかもしれない。もし、みんなの中にそんなこわがりの人がいるとしたら、紙や猫の火花などによって、〈雷とはなにか〉ということが

わかれば、少しは雷が怖くなくなるかもしれない。知識はつまらない怖れをしりぞけてくれる。そして、その正体がわかれば、それによって受ける危険を減らすこともできる。

真っ黒な雲から激しい稲妻が走るのをまともに見たことがあるだろうか？　もし見たことがなかったら、いつか勇気を出してまともに稲妻を見てみるといい。わけもなく怖がるのをやめて、雲に覆われた暗い空をよく注意して眺めてみよう。

とつぜん雲の間に火の枝が現われる。その輝きは火の中で熱せられて輝く鉄の針金よりずっとまぶしい。思わず目をつむってしまうほどだ。稲妻の形は決まっておらず、折れ釘をつないだように曲がりくねっていて、時には二つにも三つにも分かれ、あちこちに走っていく。遠くで光るのを見ても正確にその長さを計ることができないが、雷の長さは数キロメートルには達するらしい。明るい光が輝いて目を眩ませるが、またたきしたと思うともう消えてしまっている。

それから間もなく、雲の上を車がはげしく転がっているような音や、天が真っ二つに裂けるかと思われるようなはげしい音が聞こえる。だがその音も次第に遠くなっていって、新たに稲妻が輝くまで、空は静けさを取り戻す。

## 大きな雷、小さな雷

稲妻や雷鳴はこのようなものだが、そのごくごく小さいものが、私たちが実験したとき目の前で見たものだ。帯電した紙から握りこぶしの先や鍵の先に飛んだあの火花、あれが稲妻なのだ。この火花は暗闇の中ではっきり見えた。あのとき弱いながらあたりを照らしたのが、稲妻の光なのだ。そして鍵の先に火花が飛んだとき、ごくかすかにパチパチという音が聞こえただろう。あれこそが雷鳴なのだ。

私たちの作り出したあの貧弱な火花と、この恐ろしくものすごい雷とは、もしその性質が同一のものだということを知らなかったら、誰も比べてみようとはしないだろう。そこで、私たちが猫の背や紙で遊んでいたあの火花が、まぎれもなく雷と同じものだということを、勇敢な実験によって証明した話をしよう。

## 帯電する雲

その話をする前に、私たちは〈稲妻は雲と雲、あるいは雲と地面との間を飛ぶ巨大な火花であり、そのとき雲はちょうどあの帯電した紙と同じ状態にある〉、ということを知っておかなければならない。では、どうして雲がこすった紙のように帯電するのだろう?

おそらく風に吹きまくられて、雲の粒と粒とがこすれあった結果、そうなるのだろう。帯電するには摩擦が最も簡単な条件であるし、それが私たちにとっても最も考えやすい原因だ。けれども、雲が電気を帯びる理由はこれだけではない。理由はまだまだたくさんある。

物質が電気を帯びた場合、単にそれを見ただけでは、帯電しているかどうかは、決して分からない。あるものは私たちにも分かるほど帯電しているかもしれないが、あるものは精密な機器によってやっとわかるほどしか帯電していないこともある。

水が蒸発する場合にも、電気は発生する。その電気の有無は、高感度の機器でなければわからない。細かい砂の原子が集まって一つの砂粒となり、砂粒が集まって小石となり、小石が集まって岩となり、岩が集まって山となるように、どんなに小さなものでも、たくさん集まればずいぶん大きな量となる。これと同じように、広い海面から水蒸気が蒸発することによって、雲は電気をだんだんたくさん帯びていく。一滴の水が蒸気になっても電気の量は少しも変わらないように見えるが、それがたくさん集まれば雷のはげしい音をあげさせるには十分なほどの電気を帯びるのだ。

〔編注：この「水蒸気が蒸発する時にでる電気で雲が帯電する」というファーブルの記述は、いまの知識から言うと間違っていますが、その豊かな想像力で描写される説明は、間違っていても魅力的に思えるのではないでしょうか？　今では、雲に電気がたまるのは、雲を作っている氷晶（凍った水滴）と、氷晶がさらに集まってできたあられが衝突する中で静電気が発生するからだと言われています。そのとき、プラスの電気が雲の上部に集まり、マイナスの電気が雲の下部に集まり、上部が＋、下部が－に帯電するとされています〕

## 雲から雷が落ちる理由

　雲はいろいろな理由で電気を帯びる。その帯びた電気も、ある雲では多く、ある雲では少ない。あまり電気を帯びていない雲は、静かに通り過ぎていくが、帯びた電気が多い雲は、ちょっとしたきっかけで、たちまち電光を放ち雷鳴を響かせる。それでは、どうして帯電した雲から電気が放たれるのだろう？

　その原理は、あの帯電した紙の実験と同じだ。帯電した紙に握りこぶしを近づけるか、鍵を近づけるかすれば、紙はすぐにこぶしや鍵に向って火花を飛ばして放電する。空を飛んでいる雲もこれと同じなのだ。もし多量に帯電した雲が他の雲に近寄れば、ある距離に近づいた時、多量に帯電した雲は他の雲に向って電光を飛ばして放電する。一方、電気を受けた雲の方が放電した雲より多量に帯電すると、今度は反対に、放電した方の雲へまた放電する。雷鳴が二、三度続いて起こるのはこのためだ。互いに放電しあって、帯電する電気の量が二つの雲に平均されると、やっとそれがおさまる。

　紙に鍵や握りこぶしを近づけてこんな現象が起こらなかったのは、鍵やこぶしに伝わった電気は、すぐ手を伝わって身体から地面へと逃げてしまうからだ。雲の場合は空中に浮かんでいて、他の雲以外に電気を伝えるものがないのだ。

　もし雲よりも地面の方が近い場合は、放電は地面に向かっておこなわれる。近くにありさえすれば、それが放電に適当な距離であれば、雲はえり好みをしない。それを紙を使って実験する方法もある。帯電させた紙に同時に二つの鍵を近づけると、必ず近い方に火花が飛んで、遠い方には決して飛ばない。

〔編注：雷が雲と地面の間で発生する場合を「落雷」（対地放電）と言い、雲の中や雲と雲の間で発生する場合を「雲放電」と言います。ただ、雲放電はファーブルの言うように、多量に帯電した雲と、そうでない雲の間の放電というより、同じ雲の中の上部と下部との間で起こるのが一般的です。よく雲の中で雷が光っているのを見ますが、一般に雲放電の方が多く、実際に地面に落ちる雷の方が少ないのです〕

## 雷が落ちたら

雷が落ちた時、その落ちた場所に何が見つかるだろう？　ある人は「鉄の棒」、ある人は「岩石」、またある人は「硫黄（いおう）のかたまりが落ちた」などという。もっとすごい意見になると「〈雷獣（らいじゅう）〉という動物が落ちて、落ちた場所を爪で引っ掻く」と言う人もいる。そういう意見があってもいいが、それを決して信じてはいけない。たしかに雷が落ちると、そこは激（はげ）しく破壊される。しかし、決して目に見える物質を残しはしない。鉄の棒が落ちるとか、石が落ちるとか、硫黄が落ちるとかいう話は、まったく馬鹿馬鹿しい大嘘（おおうそ）だ。

こぶしの先に放電させたとき、そのこぶしを見てみよう。火花の飛んだところに何が残っているだろうか？　もちろん何も残ってはいない。雲からのはげしい放電でも同じことが言える。

しかし、雷が落ちるとずいぶん大きな被害がある。雷は木を倒し、梢(こずえ)から根元まで真っ二つに割り、壁を倒し、煙突を壊し、屋根を震わせる。藁(わら)の束に火を付け、家を焼き、人や家畜に火傷(やけど)を負わせ、時として人の命を奪うことさえある。

紙で実験したときにはいくら大きくても、そんな被害を生じるようなことはなさそうに見えた。けれども、少し注意すると、紙から飛ぶ火花でも全く無害ではないということがわかる。ただそれがほとんど分からないほどわずかなだけの話だ。こぶしに火花が飛んでくるとき、あるかないかわからないほどわずかにチクチクっとする。もっと敏感な場所、たとえば鼻の先とか舌の先とかだと、それがもっとよく分かるのだ。

私たちは紙を使ったが、科学者が本当に電気の実験をする時には、紙などではとても足りない。科学者が実験に使うための電気を起こす機械はもっと立派なもので、もっと大きな火花を連続して長い間、出させておくことができる。

その火花を手に受けたりしたら、体中がビリビリしてとび上がってしまう。もし、もっと電気の力が強ければ、大きな板で胸を力いっぱい打たれたように感じる。さらに強くなると、ちょっとした木くらいは、たちまち根こそぎにするし、牛くらいの動物は簡単に殺してしまう。そうなると、本物の雷と全く同じになってしまう。

雲と雲、雲と地面の間に走り輝く、あの稲妻（電光）こそ、ゴロゴロと雷が鳴る嵐のとき、最も恐るべきものなのだ。雷の〈雷鳴〉は単に大きな音に過ぎない。いくら大きくても、それによって害を受けるというようなことは決して無い。突然はげしく鳴り出して、こわがりの人を縮みあがらせるくらいが関の山だ。

## 雷の危険から逃れるには

雷が落ちたとき、その通り道にいた人はとんだ災難を受ける。あっと思った時にはもう消えてしまっているくらい瞬間的なもので、雷鳴はいつでもその後から聞こえる。だから、雷に打たれる人は逃げる間もない。

音が聞こえたときはもう危険が過ぎ去った時なので、別に恐れるに当たらない。だが、不思議なもので、「雷が怖い」という人は、たいてい音ばかりを恐れている。

町の中を歩いていて、屋根瓦が落ちてきて頭に当たるかもと怖がっている人がいるだろうか？　決してそんな人はいない。だが、雷に打たれて死ぬ人は思ったよりたくさんいる。雷の鳴る時、家の中へ逃げ込んで戸を閉め、窓を閉めても、危険は完全にはなくならない。

では、どうしたらいいだろう？

雷がゴロゴロ鳴っているときには、注意が必要だ。何度も言ったように、雷はもっとも近い所にあるものに放電――すなわち落ちる。山の嶺（みね）、高い塔、高い木などはよく雷に見舞われる。

広い野原などで雨が降って雷が鳴り出した場合、みんなはどうするだろう？　近くにある高い木の下にかくれて雨に濡れるのを避けるだろうか？　いや、そんなことをするより近くに木のないところで雨に濡れている方がはるかに安全だ。もし雷がその付近に落ちるとすれば、それは最も自分に近いその高い木に違いない。特にその木が広い野原に一本しかないような場合は、なおさらだ。

　雷に打たれて死ぬのは、十中八九まで高い木の下で雨宿り（あまやど）している時だ。だから雷の音がして雨が降ったときには、そんなところで雨宿りをするのを避けて、雨に濡れていたほうがいい。命より服が濡れないことの方が大事な人はおそらくこの世にはいないだろう。

　時計や指輪、金具のついたステッキなどの電気を引きよせやすい金属製のものを身体から離して、そして雨に濡れているのが、雷に対する唯一の注意だ。

〔編注：〈金属を身につけると危険〉という話はよく聞きますが、雷はかなりの高度から落ちてくるので、多少の高さの変化や金属の有無は、ほとんど関係ないようです。もちろん高いところの方が雷は落ちやすくなりますが、実際には雷は、全く平坦な海の上や平原にも落ちます。河崎善一郎『雷に魅せられて』（化学同人、２００８）、北川信一郎『雷と雷雲の科学』（森北出版、２００１）等参照〕

## 雷の実験

### 雷を研究した人たち

雷は、単に紙から出る火花の大きいものに過ぎないのだが、それをどう証明したか、話していこう。「科学の研究のためには、命も惜しまない」という勇敢なたくさんの人々が、「雷の正体は何か？」という重大な疑問を解くために、いろいろな研究を試みた。その一人一人の実験を話していくのも大変だから、一番初めにその実験を試みた人について話そう。その人が実験した方法や内容は、きっとみんなを面白がらせるだろう。

### ド・ロマの実験道具

ド・ロマはフランスの南西部ギュイエンヌにあるネラックの役人だった。彼は１７５３年に、前々から考えていたことを実現するための実験に取りかかった。その考えというのは、〈雷を雲から導いて自分のすぐそばまで引きおろし、雷の正体をつきとめる〉ということだった。雷を引きおろす道具は、子どもが遊ぶあの凧だったが、普通の凧と違うのは、真ん中に通っている骨に木や竹の代わりに先の尖った鉄の針金を使ったことだ。そして、その針金にごく細い銅線をつけて、さらにそれを糸にからませて自分の手元まで長く伸ばした。ド・ロマはこんなもので何をしようとしたのだろう？

帯電した雲に、ほとんどそれに届くくらい長い針金を近寄らせることは、帯電した紙にこぶしや鍵を近づけるのと同じことではないだろうか？　雲は紙、長い銅線は鍵、凧はこの銅線を持ち上げて雲の近くまで持っていく器械だ。こうすれば、雷は人間の作った針金の道を通って落ちてくるに違いない。けれども、この実験で人が銅線を握ったままでいるのはとても危険だ。そこで、ド・ロマは長いガラスの柄のついた〈放電器〉という器械を使って、その実験をすることにした。雷は金属にはよく伝わるが、ガラスには伝わらない。こうしておけば危険な雷を避けることができる。さあ、いよいよ彼の勇敢な仕事を見物することにしよう。

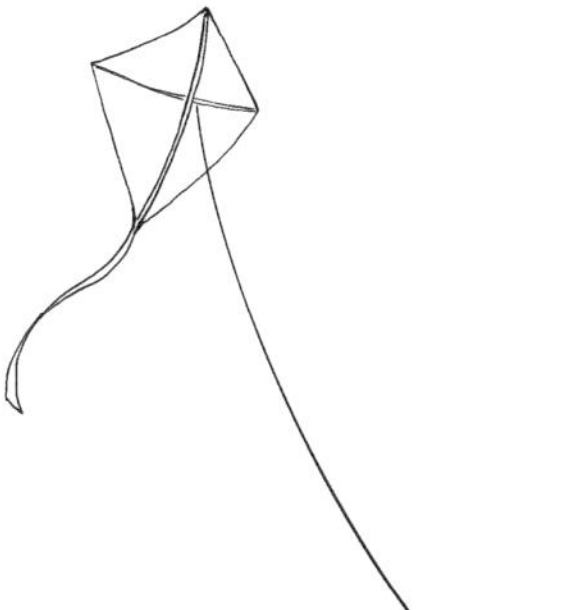

### 凧を使った実験

銅線につないだ凧は、強い風の中をするすると昇っていく。やがてこの凧のそばを真っ黒い雷雲が通ると、ド・ロマはすぐ放電器に近よってみた。そこからは明るい火花が盛んに飛んでいて、パッと輝いては消え、そのたびごとにパチパチという音が聞こえていた。それが雷の正体なのだ。凧の針金から銅線を伝わってきたのは、雲の帯びていた電気なのだ。

それはまだごく弱いものだったので、少しも危険はなかった。ド・ロマは銅線と手との間に火花を飛ばしてみた。それまで恐る恐る見物していた人たちも、だんだん大胆になってド・ロマのそばへ近よってきた。そして、銅線のそばに集まり、その銅線と自分の手との間に雷の正体である火花を飛ばしてみた。

この話を聞いて、みんなはどう思うだろう？　紙から出た火花も、猫の背に輝いたパチパチという光も、みんなはまだ忘れずに覚えているだろう。雷も電気も同じようなものではないだろうか？

けれども、「自分でこんな凧を作って実験してみよう」などという考えは決して起こしてはいけない。非常に危険であることは、これからの話でわかるだろう。

## 次第に高まる危険

見物人が面白そうに雷をおもちゃにしていたとき、突然、はげしい雷の光があたりを強く照らした。おどろいてド・ロマも倒れそうになった。多量に帯電した雲が近よってきたのだ。危険な時がやってきた。ド・ロマは心を引き締めて、銅線のそばに群がっていた見物人たちを遠ざからせた。そして、だんだん怖気づいてきた群集に取り巻かれる中、彼はただ一人、器械のそばに残って放電器によってはげしい火花を飛ばしていた。やがて火花はだんだん大きくなって、とうとう2～3メートルの長さに達するようになった。その火花に当たった者は、たちまち気を失ってしまうに違いない。ド・ロマは実験のために一匹の大きな犬を連れてきていたので、その犬の額に火花を当ててみた。犬は倒れて、かわいそうなことに、すぐ死んでしまった。

だんだん雷が強くなってくるので、万一のことを考えて、ド・ロマはさらに群集を遠ざけた。しかし、自分だけは小さな火花が飛んでいるときのような冷静さを保って、なおも実験を進めていった。

いまや彼の周りでは、ストーブがさかんに燃えているときのようなゴーゴーという音が絶えず聞こえ、硫黄が燃えているときのような匂いがあたりに満ちてきた。凧につながっている銅線は全体が火のように輝きはじめて、天から地に引かれている火の糸のようだった。

## 雷が電気であるという証拠

そのとき銅線のそばに落ちていた一本の藁が、見えない糸に引かれるように銅線に飛びつき、たちまちはね返された、と思うとまた飛びつき、またはね返されるという奇妙なダンスをしばらくくり返した。それは取り巻いている見物人の笑いを呼んだ。私たちも紙で実験したとき、同じようなダンスを見た。これは、雷が電気であるということの一つの証拠だ。

突然、見物人はみな真っ青になった。連続して三回ほどバチバチという音が響いて、最も長い藁に雷が閃めいた。ついに凧は落ちてきたが、片付けをしようと銅線に触れた人たちは、ビリビリと感電して、思わず手を放した。

この銅線でつながれた凧によって、ド・ロマは多量に電気を帯びていた雲から電気を奪い、雷を思ったところへ落とすことができたのだ。

## ド・ロマのその後

このように、ド・ロマの実験は大勢の人たちの目の前で行なわれた。雷を神様のように思っていたネラックの人たちは、ド・ロマが凧で雷を地上に引き下ろしたのを見て、何となく薄気味悪く思うようになり、だんだん彼を怖がりだした。

ド・ロマが町を通ると、町にいる人たちは彼から距離をとり、その後ろから指をさして言った。「あれが雷を使う魔法使いだ」と。彼はこのようにののしられ、田舎を歩いていても、子どもや農夫から石や泥を投げつけられた。けれども、人々はド・ロマに雷を落とされるのを怖がって遠くから投げたので、ド・ロマは別に体に害を受けるようなことはなかった。

雷の本性を研究して「それが電気だ」ということを見出した立派な学者は、無知な人々からこんな扱いを受けたのだ。

# 避雷針とフランクリン

## とがった針と火花

電気の話も長くなったが、今日はもう一度それを繰り返し、例の帯電させた紙にもどって、「高い建物がどうして雷を避けることができるようになったか」を話そう。

この前は帯電した紙から電気を奪うのにこぶしや鍵(かぎ)を使ったが、今度はその代わりに針を使うのだ。鍵の先は丸かったり平(ひら)たかったりしているが、針は先が尖(とが)っている。これは何でもないようだが大切なことなのだ。

帯電した紙に針先を近づけてみよう。紙に触れてはいけない。みんなはこれまでの例のように火花が出るのを待っているだろう。けれども、どんなに近づけても火花は出ない。やり方が悪いのだろうと思って、もう一度紙をこすって針を近づけても、やはり火花は出ない。「紙が悪くなっているのかも知れない」と思いながら、もう一度こすって今度は鍵を近づけてみる。すると、不思議なことに、今度はちゃんと火花が出る。さらにもう一度紙を帯電させて針を近づけると、どうしても火花が出ない。そのあと鍵を近づけてみると、やはり同じように火花は出ない。

針を近づける前には確かに帯電していたのだから、針を近づけて火花が出なくても、帯電しているならその後から鍵を近づければ火花が出るはずだ。それなのに、鍵を近づけても火花はやはり出ない。だとすれば、〈紙が帯びていた電気は針を伝わって逃げていった〉と考えるしかない。そう、たしかに電気は針を伝わって逃げたのだ。それでは、なぜ、針と紙の間では火花が飛ばなかったのだろう？

## 針の働きと避雷針

それは、針は鍵と違って先が尖っているため、急に電気を奪うことができず、静かに少しずつ奪うからなのだ。だから音も出さず、火花も飛ばさないのだ。

じつは高い建物に雷が落ちるのを避けるあの便利な〈避雷針（ひらいしん）〉は、私たちが使った針と同じようなものだ。高い建物の一番高いところに先の尖った長い鉄の針を立て、その根元から鉄の針金を屋根と壁とを通して地面まで下ろす。そして、その先を濡れた地面や、井戸の中に入れておく。これが避雷針（ひらいしん）だ。屋根に建てた針の先端は、錆（さ）びないようにメッキがしてある。錆びていると電気は伝わりにくくなるからだ。

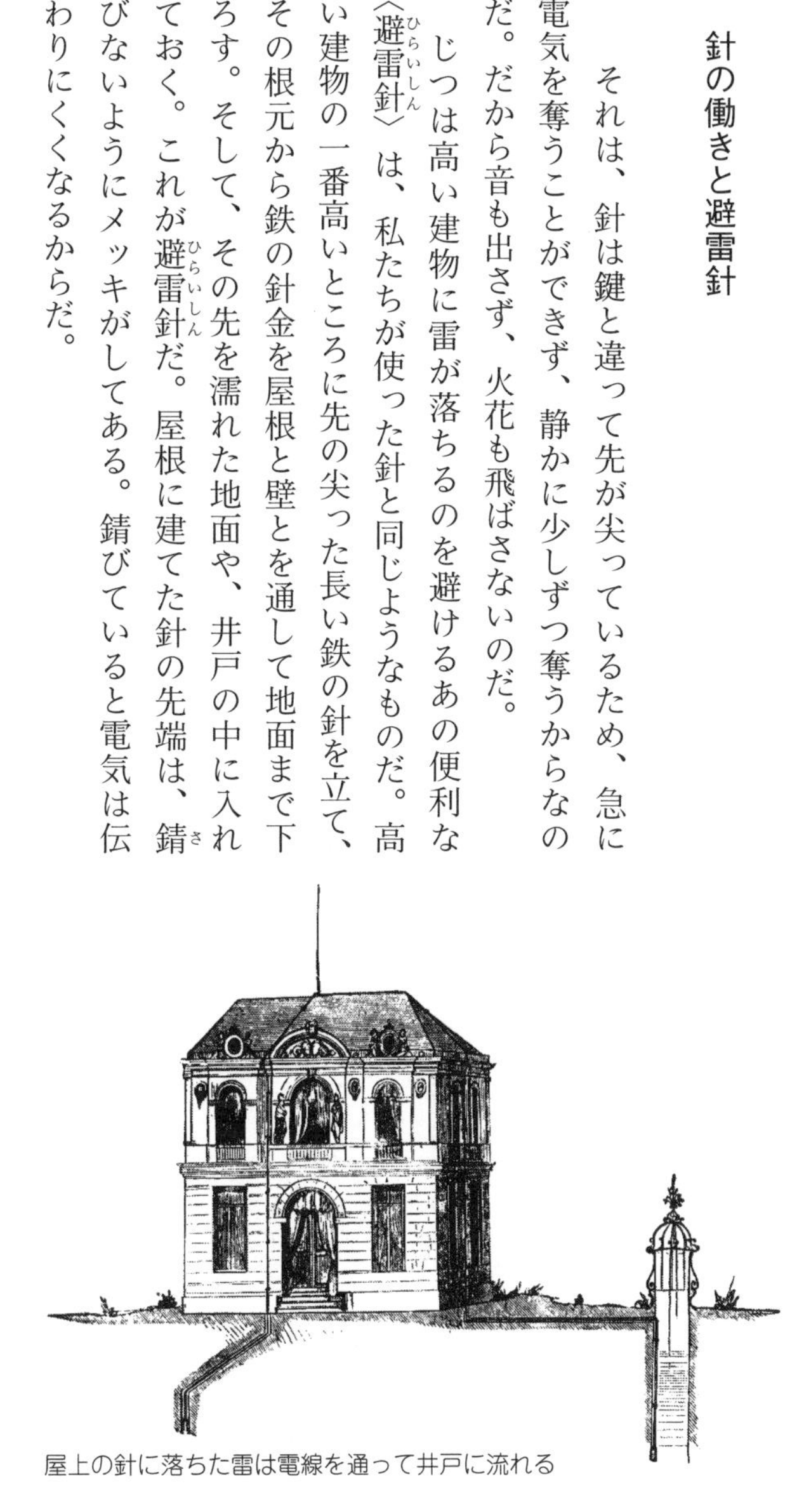

屋上の針に落ちた雷は電線を通って井戸に流れる

この避雷針の立った建物の上を雷雲が通った場合、雲は静かに少しずつ電気を奪われつつ遠ざかる。建物に雷が落ちて損害を与えるようなことはない。こうして雷は私たちの知らない間に落ちてしまうのだ。

これは雲にある電気が弱いときのことだが、それが非常に強いものだと、やはりはげしい音がして火花が出る。けれども、避雷針の下には鉄の針金が引っ張ってあって、落ちた雷はそれを通って地面に伝わり、そこでたちまち広がってしまう。そのため、雷が落ちても我々は何も害を受けずにすむのだ。

〔編注：ここでのファーブルの「避雷針は雷の電気を少しずつ奪う」という説明は間違っています。避雷針はそこに雷を落とさせて一気に雲の電気を地面に流す働きをしています。つまり、かえって雷を呼び込んでいるものとも言えます。最近は、それを立てていれば、雷が落ちるのを避けることができる、文字通りの「避雷針」も開発されています〕

## フランクリンという人

避雷針を発明したのは、１７０６年に北アメリカのボストンで生まれたベンジャミン・フランクリンだ。後に雷を征服したフランクリンは、17人の兄弟の一番末の弟だった。父はロウソクとセッケンの製造所を持っていたが、決して豊かではなかった。フランクリンはとにかく10歳ま

ベンジャミン・フランクリン
（1706～1790）

で学校へ通って、どうにか読み書きができるようになると、それ以降は学校を辞めて家業を手伝っていた。

芯を通した型へロウを流し込んだり、客の相手をしたり、使い走りをしたりするのが彼の役目だった。仕事をしてもらったお金で、彼は好きな本を買って読んでいた。知識欲に燃えた彼は、のどの乾いた者が水を求めるように本を読み、わずかの金も大事に取っておいて、本を買った。そして、読み終わればそれを売って、その金でまた新しい本を買っては読みふけった。

彼をどんな職業に就かせたらいいか迷っていた父親は、一度は織物造り職人にしようとしたが、その後、彼を印刷工場へ入れた。彼が入ったボストンの工場は、兄のジャックが経営する工場だった。昼は仕事に追われて暇が無かったので、本を読むのは主に夜だった。昼間の自由時間はごくわずかしかなかったが、彼は決してその時間を無駄には過ごさなかった。兄のジャックや他の職工たちが食事のために工場を去ったあとも、フランクリンは工場に残ってパンと果物と水とで大急ぎで食事をすませ、皆が帰って来るまで読書にふけっていた。このようにして、彼は仕事のちょっとしたすきまの時間を見つけては勉強していたのだ。

## 記者になったフランクリン

知識が増え、考えがだんだんまとまってきたとき、フランクリンはむずかしい文章を書く練習をし始めた。朝はまだみんなが寝ているころから起き出して、朝日の差し込む工場の戸口の下でペンを走らせた。あるとき彼の兄は、それとは知らずに弟の書いた文章を読む機会があった。そして面白いと思い、自分が発行している新聞に試みに載せてみた。すると、その文章は非常に評判がよかった。この評判によろこんで、フランクリンはみんなに隠れて再び匿名で文章を書いた。幸いにも、その文も前と同様に評判が良かった。そんなことを何度か続けた後、フランクリンはその隠れた筆者が自分だということを公表した。彼の兄は非常に喜んで、すぐフランクリンを記者に採用した。その時、フランクリンはまだやっと16歳になったところだった。

〔編注：実際には、フランクリンは兄が発行している週刊新聞へ、ペンネームを使って投稿して、それを兄は弟の書いたものとは気づかず採用し、新聞に載せたのです。その投稿は14回にもわたり連載されました。この連載中に兄が新聞の内容について警察に逮捕されたことで、フランクリンは兄に代わって新聞の編集や印刷を引き受けて活躍しました〕

THE
New-England Courant.
MONDAY August 7. 1721.

To the Author of the New-England Courant.
SIR,
ISTORIES of Lives are seldom entertaining, unless they contain something either admirable or exemplar: And since there is little or nothing of this Nature in my own Adventures, I will not tire your Readers with tedious Particulars of no Consequence, but will briefly, and in as few Words as possible, relate the most material Occurrences of my Life, and according to my Promise, confine all to this Letter.

▶フランクリンの兄が発行していた『ニューイングランド新報』

▲フランクリンの匿名記事

## フランクリンの発明

　こうしているうちに、やがて彼の電気に関する研究熱がだんだん強くなってきた。科学的知識はまだまだ足りなかったが、彼はそれを独学で身につけていった。研究するにもまだ器具がなく、それを買い求めるにも、仕事で得ているお金がわずかなので、簡単なことではなかった。そこで彼は必要な器具を自分で作っていった。

　彼は器具を作るために、ガラス工になったり、大工になったり、家具職人になったり、鍛治屋になったりした。そうして、その熟練した腕によって、少しずつ自分が必要とする実験器具を作っていった。といってもお金が足りないので、自分が思ったものを作ることができず、一つの部品を他のものと併用しなければならないようなことは珍しくなかった。そんな自家製のみすぼらしい小さな器械で、彼は実にたくさんの偉大な発明をしたのだ。その中でも〈避雷針〉は最も大きな発明だ。

　こうして、ロウソクの型に溶かしたロウを流し込んでいた少年は、大きくなって、その国・その時代で最も有名な人になったのだ。

〔編注：ベンジャミン・フランクリンは〈避雷針〉を発明しただけでなく、アメリカ合衆国がイギリスから独立を果たしたときの「独立宣言」と「憲法草案」を作成した中心人物の一人でもあり、「最初のアメリカ人」とも呼ばれています〕

フランクリンの肖像画が描かれた100ドル札

# 電信と電話

## 雷を召使いにする方法

〈雷は電気だ〉ということは、前にも話したとおりだ。それを発見するのも立派だが、その発見を利用して私たちのために役立たせることは、もっと立派なことだ。

雷が何の役に立つだろう？　雷といえば、それに打たれることが恐ろしいばかりで、ほかに何の役にも立ちそうにない。けれども、この恐ろしい雷を、科学はおとなしい召使い（めしつかい）にしてしまった。〈雷を召使いにした〉と言っても、嵐で雷がはげしく鳴っているときにではない。雷が鳴るときだけにしか使えないなら、雷はいつでも鳴るわけではないから、非常に不便だし、だいいち危険だ。

雷が鳴るのを待たなくても、人間は自分で雷を作ることができるのだ。紙をこすったり、猫の背をこすったりして電気を起こしたことは、みんなが見たとおりだ。そこで、今度はみんなにあまり難しくないように、電気を起こす別の方法について話そう。

## 電池とは？

塩酸とか硝酸とか硫酸とかいう液体は、水が塩や砂糖をわけなく溶かしてしまうように、金属を溶かしてしまう。この液体の中へ金属、主に亜鉛を入れて溶かすと、その液体は電気を作り出すことができる。この作用を利用して電気を起こさせる器械を〈電池〉と言う。水で薄めた液体の中へ亜鉛の板を入れ、起こった電気を取るためにその中へ銅の板を入れる。詳しい話は少し難しいからこのくらいにして、電池などで起こした電気でどんなことができるか話すことにしよう。

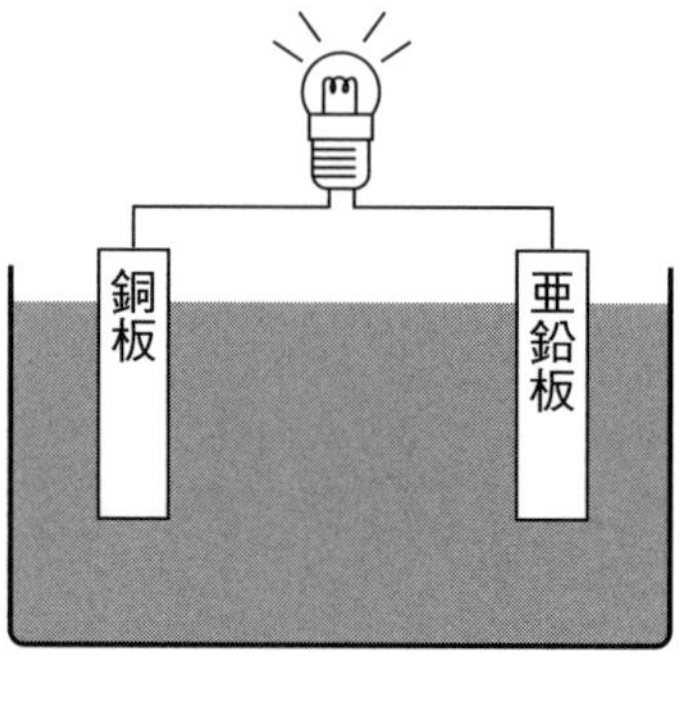

電気でできることはずいぶんある。昔の人が夢にも見なかったようなこともできる。この電気によって、どんなに遠くにいる人とでも、世界の端と端にいる人とでも通信ができるのだ。ただ通信ができるだけではない。その速さはいくらツバメが速いとか風が速いとか言っても、とても比べ物にならない。電気が金属の線を伝わる速さといったら、とてつもない速さなのだ。

たとえば、金属の針金が地球を7.5周くらい取り巻いているものと考えよう。一方の端から電気を送ったとき、その電気が針金の端から端まで、つまり地球を7.5周廻るには、どのくらいの時間がかかるだろう？　地球を7.5周というと、その距離はちょうど30万キロになる。電気はその距離を1秒というまばたきするぐらいの時間で走ってしまうのだ。

そんなに速い連絡手段がほかにあるだろうか？　こんなに速いと、遠いとか近いとかいうことは、問題にもならない。ちょっと隣へ行くのも、パリからマルセイユへ行くのも、フランスからアメリカへ行くのも、まるで変わらない。この電気の伝わる速さを使って通信するのが〈電信〉なのだ。

## 電信とは？

道路の端、とくに鉄道線路に沿ったところなどには、高い柱が一定の距離をおいて立っていて、その上には鉄の針金が架けられている。この針金は電池などで起こされた電気を通す道なのだ。ド・ロマが雷雲の帯びている電気を地面に引きおろした、あの銅線と同じ役目をしているのだ。この線の両端にパリとマルセイユがあるとしよう。パリで電気を流すと、たちまち電気はマルセイユまで通じてしまう。パリでパチパチと二度火花を散らして送電すれば、マルセイユでは同じようにパチパチと二度火花が散るだろう。

一度「パチ」と火花の散るのが「あ」、二度が「い」、三度が「う」という風に決めておけば、それによって自由に通信することができる。それが〈電信〉というものだ。だいたいの話が分かったら、実際に電信を使う話に移ろう。

電線の一方には電信を送る人がいて、他の端にはそれを受け取る人がいる。発信するほうの人は思うとおりに電線に電気を送ったり、遮断したりすることができる。電信を送ったり遮断したりするのは、それ専用の器械でちょっと手で押したり離したりすることによってできる。長く押していれば電気は連続して流れ、ちょっと押してすぐ離せば、電気はちょっとしか流れない。

押したり離したりする送信器〈電鍵〉

受信する方の人は、ただ黙って静かに器械から出てくる細長い紙を見ていればいい。電気が続いて送られたり、断続的に送られたりすることによって、その紙の上には短い線や点が記されるから、それを読めばいい。点と線のいろいろな組み合わせ方によって、字が示されているのだ。一つの点と一つの線で「い」、点二つと線で「う」、というふうに、すべての字を点と線とで書くことができる。知らない人が見たら、なんだかわけが判らないだろうが、熟練した人が見れば普通の字のようにすらすら読むことができる。

いくら広くてもいくら深くても、海は決してこの電信を運ぶ邪魔にはならない。一方の陸から他の陸へ何百キロもあるような海を越えて、海底電線が通っている。それは、一本かあるいは数本の電線を水が通らないようにゴムや麻で包み、その上をさらにより合わせた針金で巻いたものだ。電気はふつうの電線と同じように、この線を通って行くのだ。海の底をくぐって数百キロも離れたところと、わずかの時間で通信ができるなんて、まったくステキな発明じゃないか？

日本語の電信符号（モールス信号）の例

| | |
|---|---|
| ア | －－・－－ |
| イ | ・－ |
| ウ | ・・－ |
| エ | －・－－－ |
| オ | ・－・・・ |

## 声を送る器械＝電話

雷の利用はまだまだこれだけではない。電信と同じように電線を用いて、電気の力を借りて、いまでは話す言葉さえ送ることができるようになった。この器械があの電話だ。

電線の端と端とに付いている電話器によって、線がつながっているところなら市内や町内はもちろん、隣町とでも何十キロ離れた町とでも話をすることができる。二人向かい合って話しているのと少しも違わない。電話で話していると、よく知っている人ならその声で誰だか判るくらいだ。

雷のおかげで、あの暗い、油の煙の立つランプは電燈に代わり、馬車は電車に代わった。けれども、これらに使う電気はあの電池から取るのではない。〈発電所〉という特別な建物の中に置かれた〈発電機〉という機械を、水力や蒸気力によってはげしく回転させて電気を起こすのだ。そして、その強い電気を電線によって導いて、電燈をつけたり電車を動かしたりするのだ。

1900年代初期の電話の広告

# 蒸気の話

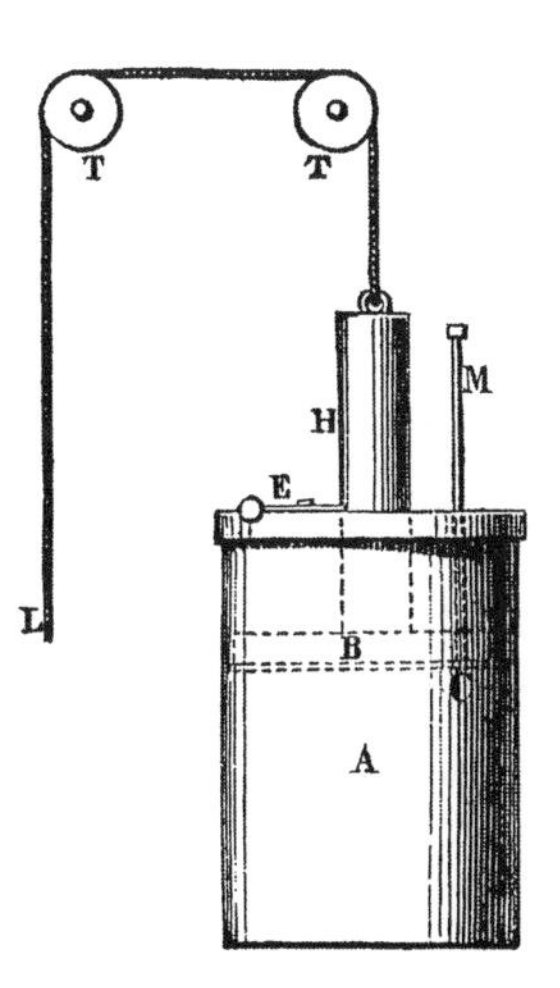

# 蒸気の力

## ガラス瓶の栓を吹き飛ばす蒸気の力

今日は、私がみんなと同じくらいの年のころによく遊んだ実験を教えてあげよう。その遊びは、蒸気の力がどれだけ人間のために役立っているかも教えてくれる。

水を温めると水蒸気になる。その水蒸気を使うと、どれだけの仕事ができるだろう？

それを説明するには、まず小さな瓶がいる。その瓶の中に、スプーン一杯ほどの水を入れ、空気が漏れないようにしっかりコルクなどで栓をする。その瓶を火のすぐそばに置く。瓶を置いたらすぐ遠くへ離れること。瓶が破裂したらあぶないからだ。

そのうち瓶の中の水は暖まって、水蒸気に変わり始める。そして、沸騰し始めたころ、突然「ポン！」と言う音がして、栓が飛び出す。もし、栓がゆるくて空気が自由に通れるようだと、いくら水蒸気ができても、すぐその隙間から出ていってしまう。そうなると、湯が煮立っていても、いつまでたっても栓は吹き飛ばない。

少しも隙間が無いよう固く栓がしてあれば、発生する水蒸気によって中の圧力はどんどん高くなっていく。そして、ついにその力で栓を一気に押し上げて口から飛び出させてしまう。もし、栓がそれ以上に固くしめてあって、水蒸気の圧力で飛び出させることができなかったら……？

ガラスの薄い瓶なら、瓶が粉々に飛び散ってしまう。厚いガラスの瓶であっても、割れることがある。

だから、この実験は気をつけてやらないといけない。「大丈夫だろう」なんて甘く思っていると危険だ。栓が抜けたときに噴き出す熱湯でヤケドをするかもしれない。瓶が破裂したりしたら、破片でとんでもないケガをしてしまう。目にでも当たったら失明してしまうかもしれない。だから、瓶を火のそばに置いたら大急ぎで遠くへ離れなければいけない。そうすれば、たとえ瓶が破裂してガラスの破片が飛んで来ても、勢いが弱まっているから、ケガをすることはないだろう。

## ペン軸を使った蒸気の実験

もう一つもっと簡単で、もっと安全な方法がある。それはペン軸を利用することだ。ペン軸はキャップのような鉄製の筒で、片方は開いている円筒形のものだ。このペン軸をもってきて、その中へ水を少し入れて、ジャガイモか大根を小さく切って栓をする。ジャガイモは少し大きいままギュッと押し込んで、あまった所は切り取ってしまえばいい。これで水蒸気のピストルのできあがりだ。

そのペン軸をロウソクの火の上へかざしてみよう。手で持っていたりすると、だんだん熱くなってきて、火傷をしてしまうから、ピンセットやトングなどではさんでやるように。やがて中で水が沸騰し始める。そのうち突然、ジャガイモの栓は「ポン！」という音を立てて飛び出し、それに続いて蒸気が噴き出す。

ペン軸を冷ましてから、また水を入れてジャガイモの栓をしてやれば、何度でも繰り返し遊べる。なかなか面白い遊びだ。いくら強く飛び出したところで、栓はジャガイモだから、身体に当たってもたいしたことはない。

〔編注：ここではペン軸となっていますが、いまなら、万年筆などの金属製のキャップや胴体部、マジックの金属性の胴体部などをイメージしてもらった方がわかりやすいでしょう。実際に実験をするなら、同じように片方が閉じて、片方が開いている試験管などが一番安全です〕

## 蒸気の力はどうして出てくる？

今度は少し考えてみよう。栓をふき飛ばすほどの蒸気の力は、どうして出てくるのだろう？洗濯物から蒸気（白い湯気）が出ているのは、みんなも見たことがあるだろう。あの静かに立ち上る蒸気は、ふわふわしていて、いくら蒸気をたくさん集めたとしても、固く閉めた栓を飛ばすほどの力は出そうにもない。火にかけた鍋から出ている蒸気も同じだ。けれども、ビンやペン軸の中の蒸気はすごい勢いで栓をふき飛ばしてしまう。その違いは何だろう？

蒸気は、ゼンマイやバネに似ている。伸び切ってしまっているゼンマイやバネにはなんの力もない。けれども、それを巻いたり強く押し縮めたりすると、非常に強い力で押し返して、押さえているものを弾き飛ばしてしまう。

蒸気についても同じようなことが言える。ただ蒸気を外に出っぱなしにしておけば、蒸気の強い力など感じないだろう。けれども、出続ける蒸気が狭い所へ閉じ込められると、中の蒸気はどんどん圧縮されていって、ついには非常な圧力になって栓をふき飛ばしてしまう。

## 紙鉄砲の例

みんなは容器に閉じ込められた蒸気の力がどれだけ強いか、まだピンとこないことだろう。

そこで、みんなの好きなおもちゃを使って話をしてみよう。それは、紙鉄砲だ。紙鉄砲を作ったり遊んだりすることは、私よりみんなの方がずっとうまいだろうが、知らない人もいるだろうから、その作り方を最初に話しておこう。

直径2センチくらいの竹を節の部分が入らないように20センチくらいに切れば、中が空っぽな細長い筒ができる。それとその筒の穴へうまくはまるような棒を用意する。棒は筒より少し長めにして、一方を握れるように筒と同じくらいの太さの木などに固くはめこむ。それで紙鉄砲の出来上がりだ。あとは弾を込めれば、立派な武器になる。

弾には適当の大きさに丸めて少し濡らした紙を使う。その紙の弾を鉄砲の一方の口へ入れて棒で先端の方へ押してやる。そうすればこの鉄砲の先端の口は固く塞がれてしまって、全く空気が通らなくなる。そしたら、手前の口へ同じようにして作った紙の弾をもう一つ入れる。その弾を少し押し込んでから、棒を胸に当てて強く押してみるといい。すると、「ポン!」と言う音がして、はじめに入れた紙の弾は勢いよく飛んで行く。

飛んでいった弾は、押した棒や二番目の紙の弾が触れるより前に飛び出してしまう。紙の弾は何に押されて、そんなに勢いよく飛び出すのだろう?

## 弾を押し出すのは空気

はじめに押し込んだ弾と、二番目に押し込んだ弾との間には何があるか？　何も見えなかった。けれども、見えないから「何も無い」と言うのは間違っている。見えなくても何かがあったのだ。それは〈空気〉だ。

みんなは二番目の弾を入れたときに、ただ紙の弾を入れただけだと思っているかも知れないが、実際には、弾と弾の間に空気を入れたのだ。入れたというより、元から入っていた。弾は前にも言った通り、筒の穴へぴったりはまっているから、決して空気を通さない。二番目の弾をこめたとき、筒の中の空気はまだそれほど圧縮されているわけではないから、はじめにこめた弾はそのまま発射されずに残っている。

けれども二番目の弾が強く棒で押されると、それははじめの弾に近づき、間に入っていた空気は圧縮される。空気が圧縮されればされるほど、その圧力は強くなってまわりを強くおしていく。そして、ただ押し込めただけで止まっているはじめに込めた弾を飛び出させるのだ。

それは、固く栓をした容器の中で水を

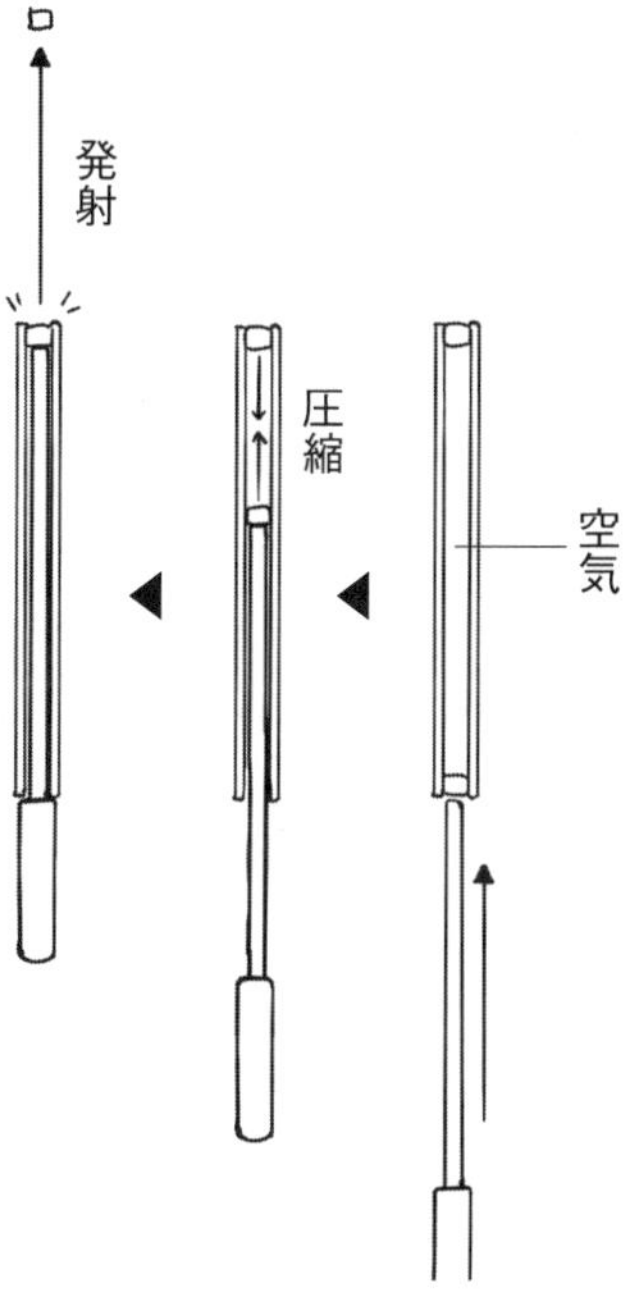

熱して蒸気を発生させたときと同じことなのだ。蒸気も空気も、押されて圧力が強くなり、その力で閉じ込めている障害物をふき飛ばしてしまうのだ。

# 蒸気機関

## 蒸気の力を利用する

ペン軸を使った実験は、実はもっと大きなことに広がっていく。ペン軸は一方が開いていたが、今度は両方とも閉じている筒を考えてみよう。この口を封じられた円筒の真ん中にジャガイモの栓があって、円筒の中を少しも空気が流通しない二つの部屋に分けているものとする。この二つに分かれた部屋へかわるがわる強い圧力の蒸気が送り込まれ、ジャガイモの栓を反対側へ押しやると同時に、蒸気はどこかから外へ抜け出していくものと仮定してみよう。こんな風に作られた機械の中ではどういう事が起こるだろう?

左から送り込まれた蒸気は、その強い圧力でジャガイモの栓を右の方へ押しやる。そこで蒸気は外へ抜け出してしまい、ジャガイモはもう動かなくなる。と同時に、こんどは右から蒸気が送り込まれて、右側に押されて来たジャガイモの栓を反対側へ押しやり、蒸気は外へ抜け出してしまうから、またジャガイモは止まってしまう。こういうことが繰り

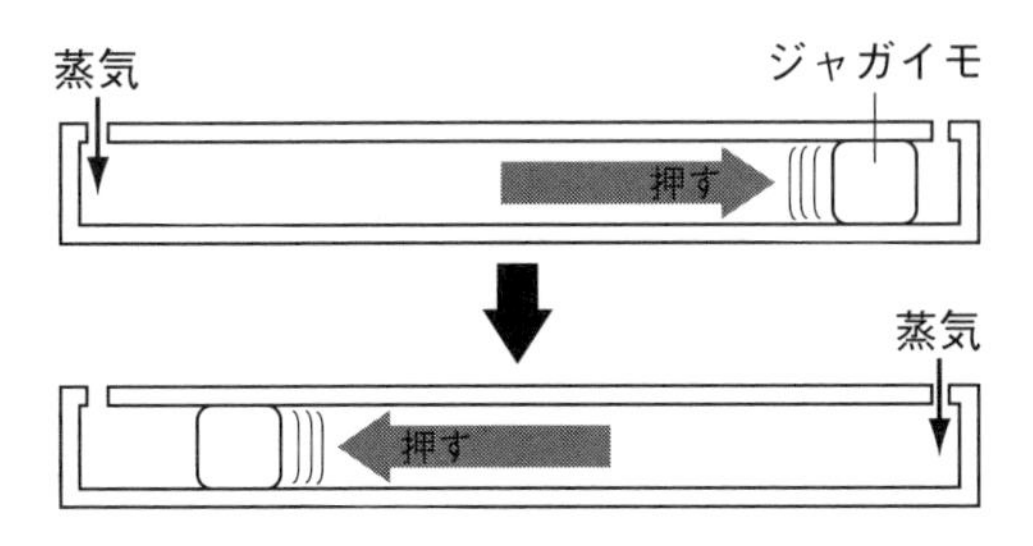

返し行なわれれば、中のジャガイモは左へ押されたり右へ押し返されたりして、絶えず動き続けるに違いない。これは私たちが想像で作り上げた機関だが、実際に機械を動かすための蒸気機関も、理屈の上ではこれと同じことなのだ。

機関が小さければ得る力も少ないから、より大きな力を得るためには、機関の構造はもっと大きくなる。貧弱なペン軸の代わりに、厚い丈夫な鋼鉄製の〈シリンダー〉という円筒になり、ジャガイモの栓の代りに、厚い丸い鉄板から作られた〈ピストン〉を使うというふうに。

## 蒸気機関の構造

その大きな機関では、蒸気はシリンダーの中で作られるのではなく、別の〈ボイラー〉という釜の中で大がかりに作られ、パイプを通ってシリンダーの中へ送り込まれる。

シリンダーには蒸気の入口となる〈弁〉があり、閉じたり開いたりして、シリンダーの中へ蒸気を送り込む。送り込まれた蒸気はシリンダーの中のピストンを一方へ押しやると、蒸気の入り口は閉じ、同時に排気弁が開いて、不要になった蒸気を外へ吐き出す。

こうしてシリンダーの中のピストンは、左右に動きつづけるが、シリンダーの中でいくらピストンが動いても、それだけでは何の役にも立たない。このピストンの動きを使って、他のものを動かすようにしなければならない。そのために、ピストンに丈夫な鉄の心棒を結び付け、それをシリンダーの一方の口から外へ出す。心棒は蒸気が少しも洩れないように、隙間がまったくないようにしたうえで外に出してある。

そうすると、ピストンが左右に動くにつれて、心棒もシリンダーの外で左右に動く。その心棒を回転軸として車輪や他の機械につなげれば、ピストンの動きによって車輪や機械を動かすことができるのだ。

## さまざまな機械を動かすもと・ピストン

仕事の種類によって、蒸気機関に連結されている機械はいろいろ違う。あるものは非常に簡単だが、あるものは何がどうなっているのか、ちっとも分からないほど複雑になっている。目まぐるしく回転するもの、反対の方向に回転するもの、ゆっくり動くものや、唸り声を上げて目にも止まらないほど早く回転しているものなど……。歯車は他の歯車と噛み合ってはげしい音を立てる。鋼鉄の車輪や歯車などの部品は重々しく昇ったり降りたり、止まったり動いたり、開いたり閉じたり、休む暇もなく動きまわり、まるで巨大な怪獣が暴れまわっているようだ。耳はガンガンして他に何も聞こえなくなり、目はチラチラして頭が痛くなってくる。

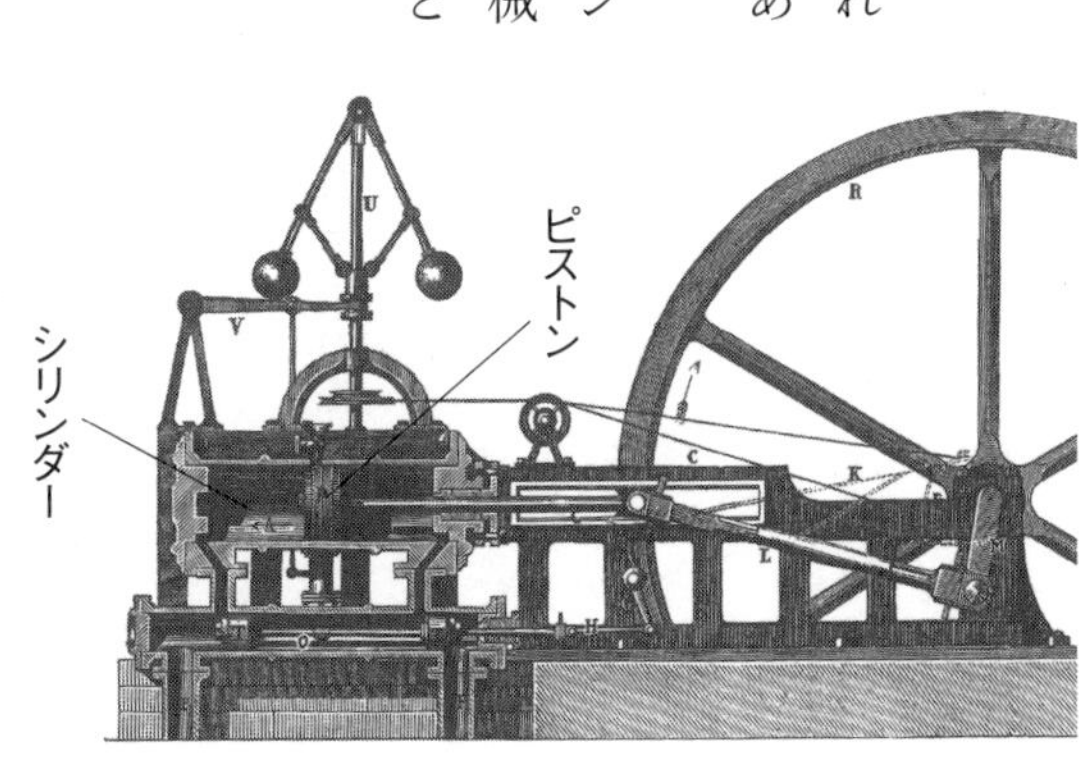

これらすべての異なった規則正しいはげしい運動は、みなあの左右の蒸気によって動かされているピストンから来ているのだ。ピストンが止まるやいなや、この騒がしい運転もたちまち止まってしまう。どんなに機械が違っていても、どんなにする仕事が違っていても、すべてのシリンダー式蒸気機関はその根本においては一つだ。ピストンがなければどんなに機械が精巧に作られていても、決して動かすことはできない。つまり鉄製のシリンダーの中にあるピストンは、蒸気機関の〈魂〉ともいうべきものなのだ。

どんなに精巧なものも、どんなに力のかかるものも、今はみな機械によって作られている。蜘蛛の巣のように細かいレースを織るかと思えば、何百人が集まっても持ち上げられないような巨大な鉄の固まりを軽々と持ち上げることもできる。細い小さな針を磨くこともできれば、レールの上を長い長い客車や貨車を楽々と引っ張っていくこともできる。

もし、すべての蒸気機関の力を集めたら、どんなに大きな力になるだろう？　どんなに大きな仕事ができるだろう？　世界中の労働者の力を集め、それに牛や馬の力を集めても、蒸気機関の百分の一にも当たらないだろう。ピストンは何という恐ろしい力を持っていることだろう。

## タービン式蒸気機関のつくり

シリンダー式蒸気機関の他に、蒸気機関にはもう一つ、別のタイプのものがある。それは〈タービン式蒸気機関〉であって、何千トン、何万トンという大きな船はみんなこの形のものを使っている。蒸気の力を大規模に利用する点ではシリンダー式のものより遥かに有効なものだ。ちょっとその原理だけを説明しておこう。

瓶に水を入れて燃えた火の側に置いたら、蒸気の圧力で栓をふき飛ばしたのは、みんなも見たとおりだ。栓をふき飛ばした後から蒸気が激しい勢いで噴き出したのも、まだ覚えているだろう。あの瓶をもっと大きくして、水をたくさん入れて、火を強くして、口から絶えず勢いよく蒸気を噴き出させて、そこへ風車を置いたらどうなるだろう？

もちろん、風車は激しい勢いで回転するだろう。そう、タービン式蒸気機関とは、蒸気の力で回転させる巨大な風車のようなものなのだ。

タービン式蒸気機関は、円筒形の器の中にある回転軸のまわりに、たくさん羽根が取り付けてある。強い圧力の蒸気は、それらの羽根にあたって、回転軸を高速で回転させる。回転軸は外の車輪や歯車につながっており、それによって巨大な機械を動かすことができるのだ。

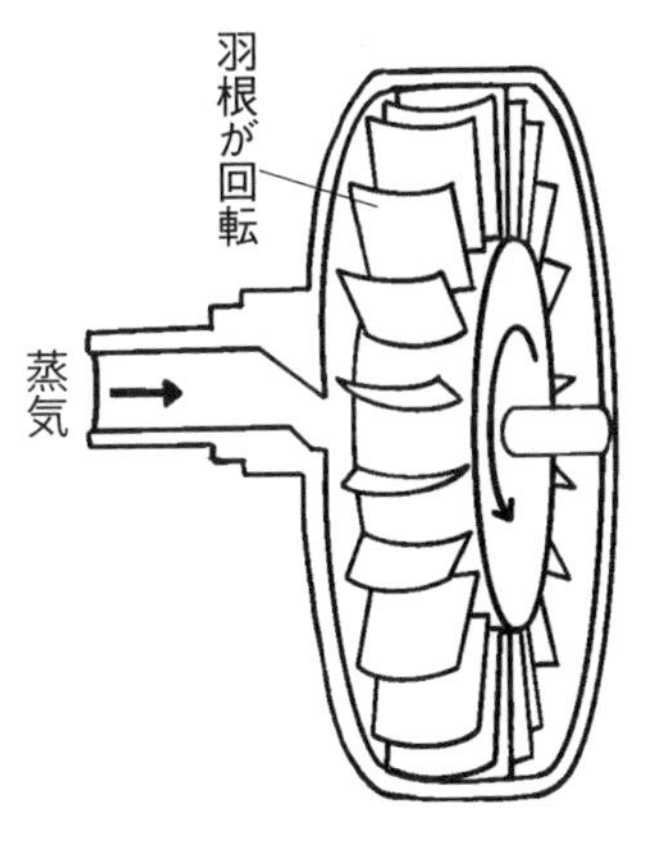


〔編注：タービン式蒸気機関は、現在、発電所や産業などでさまざまな規模の発電に用いられています。現在、船舶に主に使われているのは、その後に発明されたディーゼルエンジンです〕

# 蒸気機関の発明者 ドニ・パパン

## 蒸気の力でものを動かすことを考えたドニ・パパン

蒸気でピストンを動かし、それでさまざまな機械を動かせるようにしたことは、偉大な発明と言えるだろう。それによって工業が発展し、私たちは人間の力をはるかに超えた疲れを知らない労働者を得るようになったのだ。この驚くべき発明をしたのはフランスのドニ・パパンだ。

ドニ・パパン
(1647〜1712頃)

ただ、誤解しないでもらいたいが、パパンが発明したのはいまあるような蒸気機関ではない。彼が発明したのは、今から考えるとずいぶん幼稚な蒸気機関で、長い年月の間にいろいろな改良が加えられて、やっといまのような完全なものになったのだ。

偉大な発明が一人で成し遂げられるようなことは、ほとんどないのだ。それはたくさんの大工(だいく)や左官(さかん)や石屋(いしや)が集まって、大建築物をだんだん建てて行くのと同じことだ。ある者は土台を築き、ある者は柱を立て、ある者はレンガを積み、ある者は屋根を作るというように、多くの人の力が集まってできあがる仕事なのだ。

パパンは、蒸気の力を利用して何かを動かそうと考え、そして苦労を重ねてやっと何とか成功することができた最初の人なのだ。初めて作られたものはなんでもその過程でたいへんな苦労が重ねられており、そして不完全なものだ。けれども、自分で考えて自分で創作したものなのだから、たとえそれが不完全であっても、称賛すべき立派なものなのだ。

どうしてパパンは、蒸気の力を利用してものを動かすことを考えついたのだろう？　たぶん台所で沸騰している鍋から出る蒸気をじっと見ていて、ふとそんなことを思いついたのだろう。ごくありふれたものでも、それについて深く深く考えていくと、そこには何か大きな発見がもたらされるものだ。天才的な発明家の心を動かしたものは、ただの沸騰したお湯だったが、それから得た結果はどうだろう！

そこからどうやってパパンが発明を完成することができたかを、ここで長々と話してもしょうがない。彼がたくさんの苦労を重ねたことはまちがいない。とにかくパパンは蒸気機関の魂、すべての機械の心臓とも言える〈シリンダーとピストン〉を発明したのだ。これがなければ、他の部分はいくら立派でも、決して役に立たない。やがてその上に建てられる偉大な建築物の、しっかりした土台を据えたのが、パパンなのだ。

天才はあまりに世間からかけ離れているため、まわりから助けを得られず、苦しい生活をすることがある。パパンもまさにその一人だったし、彼の場合は特に悲惨だった。

パパンは偉大な発明によって人類に貢献した後、その日の食べ物にも事欠くほどの貧しさの中で死んでしまったのだ。今日になってその功績を認められて、フランスの各地にたくさん彼の銅像が飾られている。しかし、その評価は彼にとってはあまりにも遅すぎた。

これからパパンの一生を、簡単に話すことにしよう。

## まずしい研究者

パパンは1647年にフランスの中央部に位置する町、ブロアで生まれた。父は医者だったので、息子を同じように医者にしようと思って、パリに出して勉強させた。勉強して医者になったパパンだったが、彼はそもそも医者になりたいとは思っていなかった。彼は機械工学が好きで好きでたまらなかったからだ。そして、彼はついに医者の仕事をやめて、好きな機械工学の研究を始めた。

当時、フランスではキリスト教の宗教改革をめぐっての争いがくり広げられていた。パパンは新教徒（プロテスタント）だったので、旧教徒（カトリック）の人々から迫害（はくがい）された。そして彼は、ついにフランスにいることができなくなり、ロンドンへ逃（のが）れることになる。そして、そこで彼は科学実験の助手などを勤（つと）めながら、友達や彼を援助してくれる人に助けられて生活していた。

けれども、そうして得られたお金は自分一人食べていくのもやっとのくらいの、わずかなものだった。だからいくら彼の心の中で発明のアイデアが浮かんでも、それをいつになったら実際に作ることができるようになるかという当てはまったくなかった。

## 蒸気機関の発明

そんな彼のもとに、ドイツから「数学の先生の就職口があるが、来ないか?」という話が来た。パパンは機械工学で使う数学にも親しんでいたので、すぐ承知してドイツへ渡った。そして、その仕事をこなしながら、食うものを切りつめてまでして貯(た)めたお金で、とうとう自分の考えたような機械を作りあげることができた。

何年もかけてやっと、パパンは釜からくる蒸気で左右に動くピストンつきのシリンダーを作ることができたのだ。知らない人が見たら、「何だ、こんなもの!」と思うような、ごく見すぼらしい外見をしたシリンダーを手にして、パパンはどんなに喜んだことだろう。蒸気に押されてはげしく動くピストンを眺(なが)めて、パパンはどんなに満足したことだろう。

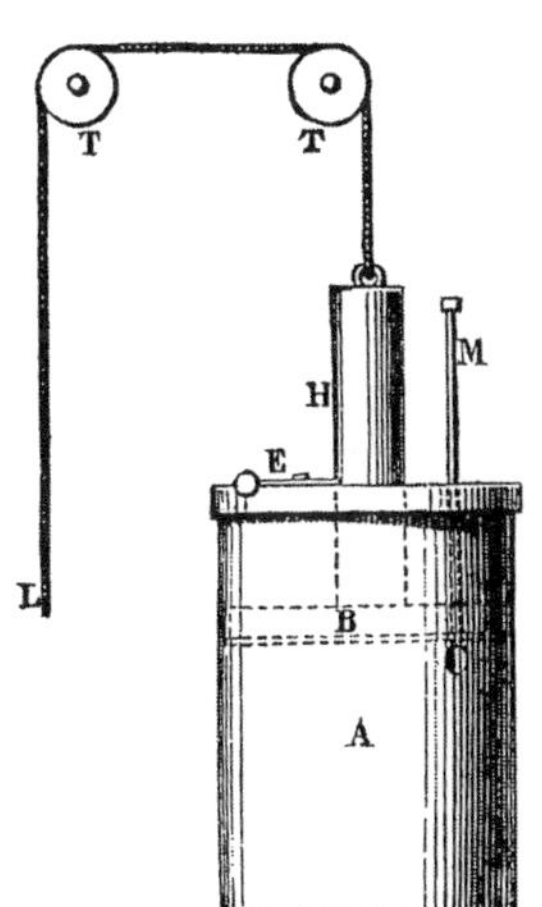


彼はその蒸気機関をポンプにつなぎ、鉱山の坑道の奥深くにたまる水を吸い上げようと試みた。機械は思いどおりによく動いて、人間がポンプを動かす時よりも遥(はる)かに多量の水を吸い上げた。人間の腕は疲れるけれども、機械はいつまでたっても疲れることがなく、どんどん水を吸い上げたのだ。

この成功に励(はげ)まされて、パパンは船の両側に水車のような大きな車を取り付け、それを蒸気機関で回転させることを思いついた。外側の車で水を切り、オールで漕ぐのと同じように船を運転しようとしたのだ。これが世界最初の蒸気船だったのだ。

## 破壊された蒸気船

この蒸気を利用する船が作られてドイツのカッセル付近のフルダ川に浮かべられたのは、１７０７年の9月のことだった。同じ月の24日、パパンはその船に家財道具全部と妻と子どもを乗せ、そのままイギリスへ渡って研究を続けるつもりでいた。

けれども、この人の手を使わず機械の力で進んで行く船のことを聞き知った付近の水夫たちは、自分たちの仕事を機械にとられてしまうと思いこんだ。そこで彼らは、煙をはいている船へ押しよせて、パパンが苦心を重ねて作った機械を破壊してしまおうとした。

これはパパンの船ばかりに起こったことではなかった。その後も蒸気船が水に浮かべられるたびに、〈自分たちの職業が奪われて生計の道が閉ざされる〉と考えて、多くの水夫たちが船に押し寄せ、棒やハンマーで蒸気機関を破壊したのだ。そのようなことが各地でしばしば起こった。

大きな考え違いをしていたドイツの水夫たちは、蒸気船を敵のように憎んでいて、じつは彼らに多くの仕事を与えようとしていた蒸気機関に戦いを挑んだのだった。棒や斧やハンマーを持った水夫たちの群れは、われもわれもとパパンの蒸気船めがけて押しよせた。彼らはパパンがすがりつくように頼むのも聞き入れず、船に勝手に乗りこみ、ボイラーもシリンダーも、粉々に打ち砕いて、川の中へ投げ込んでしまった。

けれども、水夫たちの怖れは、単なる思い込みだった。蒸気機関が発達するにつれて、仕事はますます増え、人々は職を失うどころか、前にも増して仕事がふえた。

蒸気機関は人間を苦しめるためのものではなく、かえって助けるためにあるのだ。蒸気機関はその強大な力で機械を動かし、人々は以前のようなつらい力仕事はしなくてもよくなった。彼らは蒸気が動かす機械をそれほど力を使わず、単に操縦していればいいようになったのだ。

## パパンのその後

しかし、せっかくの蒸気船を破壊されたパパンの望みは絶たれた。壊された機械が川に沈み、パパンの希望も同じように川に呑み込まれてしまった。絶望の中、パパンはイギリスに帰って、また以前のようにわずかな収入で暮らした。けれども、一人身だった昔とは違って、妻も子どももいたので、その生活の苦しさは以前の比ではなかった。彼はもう蒸気機関を作る希望もなくし、見すぼらしい家に引っ込んで、ぼんやり日を送るようになってしまった。

こうして彼は数年の間、食うや食わずの生活を続け、身も心も弱り果てていった。そして、1712年に蒸気機関の恩人パパンは、ほとんど飢え死にのようにしてこの世を去ったのだ。

〔編注：ドニ・パパン（1647～1712）――彼はパリにいた若いころに、物理学者のホイヘンスの助手として働き、同じく数学者・物理学者のライプニッツとも親交があったと言われています。ロンドンに渡ってからは王認学会（ロイヤル・ソサエティー）でボイル、フックなど一流の科学者の助手を務めました。彼が圧力調理器などを発明し、その発展で蒸気機関の原型を作ったことは認められていますが、彼が実際に動く蒸気船を作ったかどうかははっきりしません。このお話には、ファーブルの創作の部分がかなり含まれている可能性があります。けれどもこのお話は、オリジナルな研究・先行研究に対してのファーブルの敬意が強く感じ取れるものになっています〕

# 蒸気機関車

## 蒸気機関がもたらした未来

蒸気機関車は、黒や白の煙を吐きながら、レールの上を矢のように早く走っていく。長い客車や貨車を引いて走るその速さや強さには、どんな馬車でもとてもかなわない。荷物を運んだり、旅行したりするにも、蒸気機関車の力はとびぬけている。

汽車が発明されるまでは、自分たちの国を離れたことのない人の方が多かった。そんな旅行をしようと思ったら、とんでもなくお金がかかったし、その準備がたいへんだったからだ。

それが、今ではみんなが気軽に旅行するようになった。遊びのため、仕事のため、みんな楽々と旅行することができる。二日もかければ、フランス国内ならどこへでも行ける。距離の遠さなども、みんなあまり気にしなくなった。そして、それぞれの地方の様子がみんなによくわかるようになった。地方の産物は全国どこへでも簡単に届けられ、離れた場所での商業上の取引きも、昔の人が想像もつかないほどスムーズに行われていく。

新たな発明が加わり、不完全だった発明品はどんどん改良されていき、完全なものに近づいていく。そして、発明家に感謝する人々も増えていく。自分の発明がもたらした未来を知ったら、貧しさと絶望の中で死んだ発明家も、きっと浮かばれることだろう。

## 蒸気機関車の構造

〈パパンの発明したシリンダーとピストン〉を備えた蒸気機関車の話に移ろう。ここに示す図は旧式の蒸気機関車で、今ではめったに見ることができない。みんなの見ている機関車はもっと新しいものばかりだから、この図を見て現に走っている機関車を見たら、どんなに機械に改良が加えられ、進歩していったかが分かるだろう。

板についたカマボコのような形をしているのはボイラーで、ここにためてある水が熱せられて水蒸気が作られる。厚い鉄板を大きな釘で打ちつけて作られたもので、天気の悪い時や、雨が降ったり雪が降ったりしてボイラーが冷えるのを防ぐために、その上を板で覆(おお)ってある。その後ろには石炭を焚(た)く所がある。

石炭の炎はボイラーの中を通っているパイプをくぐって煙突から外へ出て行く。図のBの部分は、

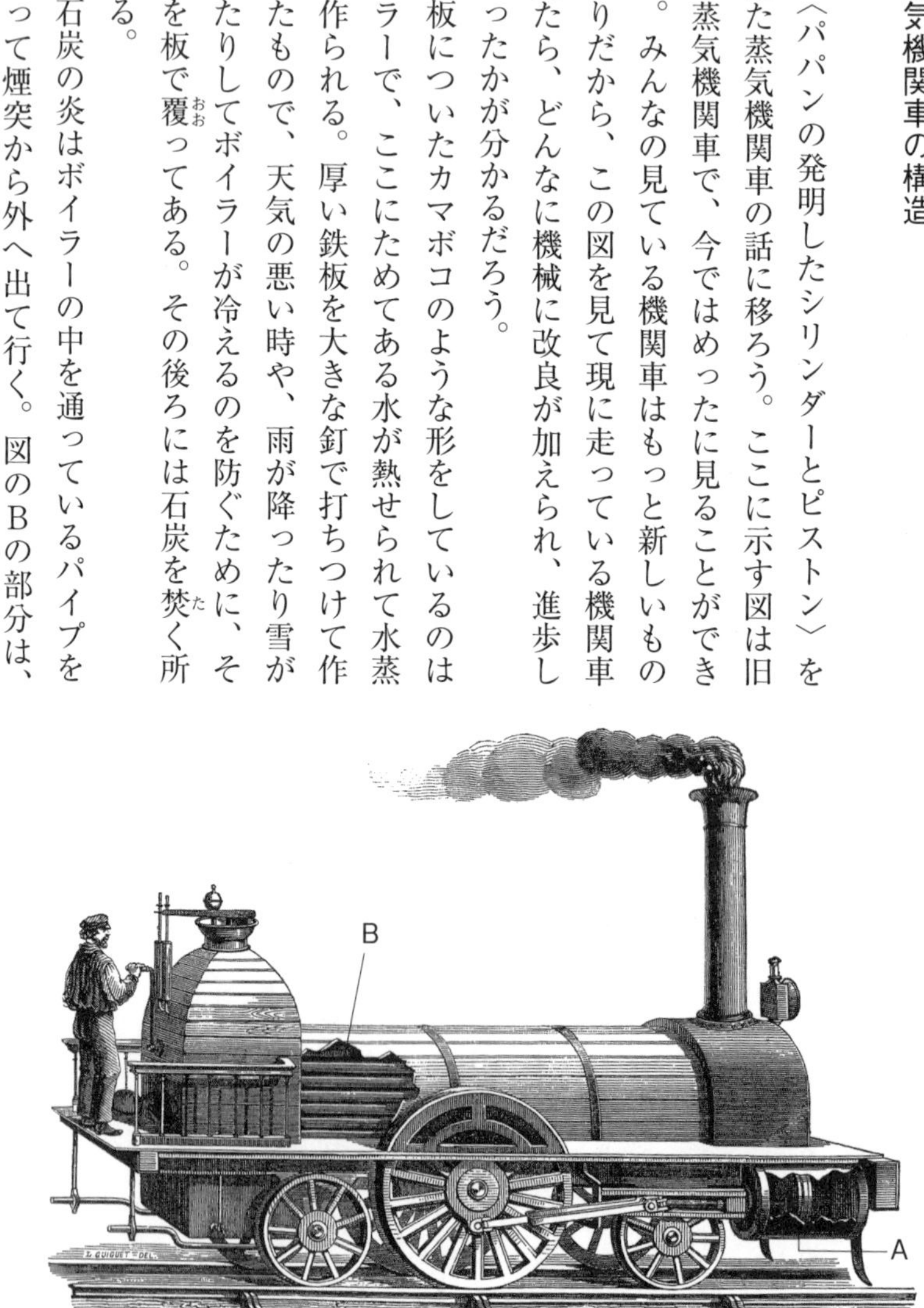

ボイラーの中の構造を示したものだ。炎や熱がパイプを通れば、パイプは激しく熱せられ、パイプの周りにためてある水はたちまち沸騰（ふっとう）する。つまり、炎が熱を水に伝える面積が広くなるから、蒸気が大量に作られるわけだ。大量の蒸気が作られれば、その圧力も強くなり、シリンダーの中のピストンを押す力も強くなる。

　石炭が焚（た）かれるごとに、パイプを通った炎と煙は前にある煙突から吐き出される。また、ピストンを動かしたあとの圧力の低くなった蒸気も、この煙突からポッポッと白い煙となって規則正しく吐き出される。それを見ると、機関車はまるで鉄製の動物が激しい呼吸をしながら走っているようにも見える。

## 機関車を動かすピストン

　機関車とそれに連結するすべての貨車や客車を動かす心臓部となる部分は、見たところごくつまらないものだ。ボイラーのように大きくもなければ、よく見えるような位置にもない。煙突のように勇ましく白や黒の煙を吐き出すようなこともない。ごく小さく機関車の両側についていて、注意してなければ見逃してしまうくらいだ。前方の下側にあるAの部分（図では内部の構造が見えるように描かれている）で、反対側にも同じものがついている。

　これこそが汽車を動かす、すべての蒸気機関に欠くことのできないもの、パパンが発明した

〈ピストンを持ったシリンダー〉だ。シリンダーの前後から代わる代わる送り込まれる強い圧力の蒸気によって、シリンダーの中で鉄のピストンが動き、蒸気が送り込まれている間、ピストンはいつまでも動き続ける。

ピストンに取り付けられた心棒は、ピストンと同じように動き、もう一本の心棒によってこの運動が中心にある大きな車輪に伝えられる。すると、車輪は回り出して、機関車は重い客車や貨車を引っ張って走り出す。これらの操作はすべて、運転手台についているハンドルやペダルによって行われる。

車輪が大きければ大きいほど、機関車はそれだけ早く走ることができる。脚の長い動物の方が短い動物よりも早く走れるのと同じだ（ところで、この大きな車輪の前後についている小さい車輪は、機関車の重さを支えているだけで、ピストンとはつながっていない）。けれども、車輪が大きくなるほど、それを動かすために大きな力が求められる。そこで、運ぶものが人か荷物かによって、構造の異なった二つの機関車が必要になる。客車用の機関車は、重いものを引くより、なるべくスピードを早くすることを求められる。そのため、車輪は非常に大きい。一方、貨車を引く機関車は、スピードよりも、なるべく大きな力を出してたくさんの貨車を引いて行くことができるよう、その車輪が小さく作られている。

## 蒸気機関車の動かし方

機関車の説明にもどるが、機関車の一番後ろに機関手とボイラー手の乗る所がある。ボイラー手はいつも火の燃え方に注意して、石炭を投げ込んだり、灰を落としたりするのが役目だ。機関手はハンドルやペダルを操作し、汽車を進めたり、停めたり、速くしたり遅くしたり、時にはバックさせたりするのが役目だ。ハンドルでシリンダーに通じる蒸気の口を開けば、強い圧力を持った蒸気がピストンを動かして、汽車は動き始める。口を閉じれば、汽車は間もなく止まってしまう。

機関車のすぐ後ろには炭水車と呼ばれる車があり、石炭と水を運んでいる。ボイラーの中の水が蒸気となって減っていくと、そこに溜めた水がパイプを通して注ぎ込まれる。炭水車には石炭を入れる鉄製の箱があり、石炭が燃えて灰になると、新しい石炭がその箱から取り出されて焚口から投げ込まれるのだ。

## 機関車とレール

機関車が引く車が客車か貨車かによって、その汽車は乗客列車とか貨物列車とか言われる。客車や貨車についている車輪にはふちがついていて、それがレールにしっかり合って脱線することのないようになっている。

レールはT字型をした細長い鉄の線であって、それが二本平行して引かれている。レールが固く地面に固定されているのは、その下にある枕木(まくらぎ)にレールが釘付けにされているからだ。

どこまでも続いているレールは、決して一本の鉄の棒ではなく、適当な長さのものが何千本何万本と結びつけられている。夏になると、強い日差しでレールが熱せられて、ごくわずかではあるが伸びるので、レールは反(そ)ってしまう。それを防ぐため、つなぎ目の部分にはわずかの隙間(すきま)を作っておくのだ。冬にそこを見ると、少し隙間が空いているのがわかる。少しの隙間だが、何千キロという長いレールとなると、その隙間を合わせた長さは何キロもの長さになる。ということは、汽車は何キロもの距離をレールなしで走っているということになるわけだ。

そんなことはともかく、汽車はいつでもこのレールから離れることなく、長い長い鉄の道の上を走っている。普通の道を馬車で走るのと違って、石の上に乗り上げることもなく、轍(わだち)へ落ち込むこともなく、ずいぶん早く走っていながら、そんなにひどく揺れることもない。

この機関車の実用化に大きな貢献をしたのがイギリス人のスティーブンソンだ。楽しく旅行をするたびに、このスティーブンソンのことを思い出して欲しい。

レールの断面

# スティーブンソン親子の発明

## 貧しい坑夫の子

機関車の発明者であるスティーブンソンの生涯は、パパンに比べると大変幸福であったし、また自らの機械に対する愛と、そして困難にも耐え忍ぶ精神とが立派な発明品を生んだいい例だ。

ジョージ・スティーブンソンは、イギリスのニューカッスル付近の有名な炭鉱で働く、ごく貧しい坑夫の子だった。家が貧しかったので、ジョージは家計を助けるために、まだ幼い時から働かなければならなかった。同じ年頃の子どもはまだ暖かいベッドの中でゆっくり眠っているころに、ジョージはもうベッドを離れて炭鉱に行き、石炭馬車で掘り出された石炭を運んでいた。彼はふさふさした髪の毛をふり乱し、赤い頬に石炭の粉をかぶりながら、石炭を馬車に積み込む。それが終わると、彼は自分の手でやっと握れるくらいの大きな鞭（むち）を使いながら、馬を追って行かなければならない。労働時間は長く、仕事は困難だったが、それでも、とにかくわずかな給料（日給）をもらっていた。ジョージにとって、そのお金はこの上もない大きな財産だったのだ。

ジョージ・スティーブンソン（1781～1848）

ジョージはそのわずかなお金を大事に握って、どんなに喜んで家へ帰って来たことだろう。

その一方で、彼は「わずかな日当をくれる職を失わないか？」と怖れていた。「もし見つかったら、〈まだ小さくて給金をやるだけの働きがない〉といって辞(や)めさせられるに違いない」と思ったからだ。だから、炭鉱の見回り役が来ると、ジョージは石炭の積んである後ろに隠れて、見回り役が通り過ぎるのをじっと待つのだった。

けれども、これはジョージの取り越し苦労に過ぎなかった。ジョージのように朝から晩まで一生懸命に働けば、たとえ子どもであれ、そのぐらいの日当は当然もらえるべきものだった。

## トロッコでの石炭運びの仕事

こうして数年が過ぎ、ジョージは13歳になった。その頃、炭鉱から楽に石炭を運び出すために、二本の平行した鉄のレールが炭鉱内に敷かれることになった。これが鉄道のそもそもの始めだろう。

13歳のジョージはそのために仕事が変わって、そのレールの上を、石炭をいっぱい積み込んだトロッコを押して、坑内(こうない)から外へ運び出す仕事をすることになった。だから、このころのジョージは、やがて発明する機関車の代りを務めていたようなものだった。この苦しい労働の慰(なぐさ)めとなったのが大きな犬で、その犬はジョージの親友だった。ジョージはその犬を縄で車に結び付けて、一緒にトロッコを引いていたのだ。

食事の時間が来ると、ジョージの命令で犬は家まで走って行って、お弁当を首に下げて帰って来る。ジョージと犬は、一緒に坐って一人前のまずしい食事――黒パンとニシンの干物――を仲良く分けて食べた。食事が終わってしばらく休んでいる間に、ジョージは犬のやさしい眼に見守られながら、何かじっと考えていた。ぼんやりながら、たぶん人間が石炭を運ぶ代わりに、機械で楽に運ばせることを考えていたのだろう。自分が毎日何度となく行き来するレールの上を、力強い機械がたくさん石炭を積んだ車を何台も引っ張っていく様子が、頭に浮かんでいたに違いない。

## 蒸気ポンプの機関手から機械工に

その次に彼がまかされた新しい仕事によって、彼の夢がいよいよ実現に近づくことになった。ジョージは、水の溜まった坑内を乾かすために使われている蒸気ポンプの機関手をまかされたのだ。若い機関手となったジョージは、その蒸気機関を扱う中で、非常に多くのことを学んでいった。機関手の仕事として、ときどき機械を掃除するために分解したり、組立てたりしなければならなかった。それはジョージにとって蒸気機関についての知識を得るまたとない貴重な機会となった。彼は蒸気機関の仕組みを自分の手で確かめていき、同時にその緻密(ちみつ)な仕事によってだんだんと熟練(じゅくれん)した機械工となっていった。いつしか、機械が故障したら、みんなはすぐ彼の所へ持って来て直してもらうようになった。彼の評判はどんどん高まり、すべての機械の修繕はみんな彼が引き受けるようになった。

ジョージは食べていくために働かなければならなかったので、学問は何も身につけていなかった。字も読めないし、もちろん書くこともできなかった。しかしある時、彼は坑夫たちの手で真っ黒になったボロボロの本と出会った。それを見て彼は急にその本を読んでみたくなり、一生懸命に字を勉強して、ついに読めるようになった。彼は読むことができるようになると、続いて書くことも習い始めた。そして20歳になった頃、彼は友だちの一人からかんたんな算数を教わった。私たちが子どもの時から習っている算数を、彼は20歳にもなってやっと始めることができたのだ。

## 教育熱心な父親ジョージ

間もなくジョージは結婚して、やがてロバートという男の子が生まれた。ジョージはどんなにその子を可愛がったことだろう。子どもが大きくなるにつれて、ジョージは息子に学問を教え込もうとした。彼は「学問が必要だ」ということを、身に染みて知っていたからだ。

ジョージはロバートにはできるだけたくさんの学問を学ばせようと、ずいぶんがんばって自分の貧しい知識を教え込んだ。しかし、彼が独学で得た知識でどれだけのことをロバートに教えられるだろう？　かといって、ロバートに先生をつけて学ばせることなど、やっとの思いで一日の食い扶持を稼いでいる彼にとっては、とてもできないことだった。そのうえ、ロバートに勉強させれば、それだけ収入が減ってしまう。けれども、ジョージの決心は固かった。

「昼間は一家のために働いて、夜はロバートのために働くことにしよう」——彼はこう考えて、家で友達の古い時計の修繕の仕事を始めた。昼間はこれまで通り炭鉱で、重い道具を持って汗水たらして働き、夜には細々した柱時計の歯車を分解して一生けん命に修繕をしたのだ。

彼の夜の大部分はこんな仕事で過ぎていった。朝早く仕事に出かける坑夫たちは、スティーブンソンの家の小さな窓から明かりの洩れているのをよく見かけた。それは子どもに勉強をさせるため、眠るのも忘れて働いているジョージの姿だった。

## 親子で発明した蒸気機関車

ジョージの熱心な教育によって、ロバートの学問はどんどん進んだ。やがてジョージが機関車の発明を志した時、ジョージの考えをロバートはその学問によって力強く助けた。そして、この親子の協力によって、彼らは非常に幸福な結果をつかみ取ることができたのだ。

イギリスでは少し前から、馬に引かれた乗合馬車のために使われる鉄道のレールが敷かれていた。レールの上を馬が引く馬車鉄道は、大衆のためのその当時の新しい移動手段であった。

ところが、少し前から蒸気機関車の発明・改良が進んできたため、１８２９年に、リバプールとマンチェスターの間に蒸気機関車のための鉄道を作ることになり、そこで使うための最もいい機関車を１万２５００フランの懸賞金で、一般から募集することになった。

ジョージは昔、犬と一緒に石炭を積んだトロッコを押している時に夢見たことを思い起こした。そこで、息子のロバートと一緒にその機械の発明に取り組んだ。二人は苦心を重ねたあげく、ついに機関車（今日のものとはまるで違ったものではあったが）を発明して、それに応募した。そして、懸賞金はついにスティーブンソン親子の手に落ちたのだ。

それからは、鉱山や製鉄所でもこの機関車が用いられて、馬に代って車を引くようになった。幸福と財産と名誉とが一度にスティーブンソンの手に入って来た。自分の履歴について訊ねられた時、ジョージは次のように答えた。

「昔、みんなは私のことを単に〈ジョージ〉と呼んでいましたが、今では〈ジョージ・スティーブンソン氏〉と呼ばれます。昔、私はごく貧しい坑夫たちと一緒に食事をしていましたが、今では夢にも考えなかったような立派な食卓で食事をしています。昔の私は皆さんが想像できないくらい貧乏で、いつもニシンの干物を坑道の隅で小さくなって食べていました。

私はあらゆる地位にある人を見て来ました。もし私たちに学問が無かったら、今でもやはり炭坑の中で汗水たらして働いていなければならなかったでしょう。人間は学問によってこそ出世が出来るのです。そもそも、誰であっても人間に大した違いはない、と思います」

ロバートは父の気質を受け継いで、世界で初めての機関手となり、世界で初めての機関車製

ロバート・スティーブンソン
(1803～1859)

造技師となった。〈鉄道界の恩人〉として皆から敬(うやま)われ、財産と名誉を手に入れた。彼はこの上もない幸福にたどりついたわけだ。けれども、ロバートの幸福は、昼間は坑内で疲れはてるまで働き、さらに夜に時計の修繕までして彼を教育した、父ジョージのお陰(かげ)なのであった。

# 『昆虫記』だけではないファーブルの広大な世界

中　一夫

## ファーブルが書いた多岐にわたる科学読み物

日本で『昆虫記』の作者として知られるファーブル（ジャン・アンリ・カシミール・ファーブル、１８２３〜１９１５）は、博物学者として有名ですが、彼自身は18歳で小学校の教師になってから46歳まで、およそ30年近くも学校の教師をしていました。やがて、教師時代から始めた科学読み物や教科書の執筆で生計を立てるようになりましたが、いわゆる『昆虫記』（原題 Souvenirs entomologiques 全10巻）をまとめ始めたのはすでに50代後半になってからでした。

彼は教師であり、科学読み物作家でもありましたが、現代では、〈『昆虫記』の作者〉としてのみ有名で、彼の教師としての生活や、科学読み物作家としての経歴などは、一般にはほとんど知られていない、と言っても過言ではないでしょう。

けれども当時は、彼の書いた科学読み物や教科書はベストセラーになるなど、たいへん人気のある作家でした。と同時に、たいへん熱心な教師でした。彼は科学読み物を、自分が教える子どもたちに科学のすばらしさを伝えようと情熱をかけて書いていきました。そしてその内容は、実際に彼自身の子どもたちに語った内容をもとに、「いかに読者が正しく理解・イメージできるか？」と、さまざまな工夫をこらしたものでした。

彼の科学読み物は、１００年以上前に書かれたものですが、いま読み返してもその独創的な説明の仕方には驚かされます。そして、彼の本の大きな特徴は、一つのお話だけで完結するのではなく、それが次のお話につながり、さらに別な話題へと発展していくという広がり方にあります。

この本に収録した〈電気〉と〈蒸気機関〉についてのお話も、遊びから始まり、原理の探求、そして身近な生活への応用と広がっていきます。彼は、単なる科学的知識を伝えるだけでなく、それが私たちの生活に密接につながり、技術や産業の発展などにもかかわっていく様子を、次々に話題をつなげながら生き生きと描きだすのです。他の本などでは見ることのないようなファーブル独特の例え方や話の展開の仕方が、はっとするような発見をもたらしてくれます。

彼は全10巻の『昆虫記』より、はるかにたくさんの科学読み物を書きました。そして、その中の一部が日本でも何度かシリーズとして翻訳紹介されてきました。けれども、現在、一般に手にいれることのできるファーブルの科学読み物は、以下のものくらいです。

①前田晃訳『（新装版）科学物語』（木鶏社、２００５・３新装版）

（初版は1927（昭和2）年）

②『ファーブル博物記』（全6巻）（岩波書店、２００４）

今回、私は彼の仕事の幅広さや視野の広さを多くの人に知ってもらいたいと願い、このような本を作ってみることにしました。私たちの生活と関わる科学知識の例として、この本では人々の暮らしに特に関わりが深い電気と蒸気について書かれたものを紹介しました。

## 今回紹介した文章について

ここに収録したものは、大杉 栄・安成四郎訳『(ファブル科学知識叢書1）自然科学の話』（アルス、１９２３）中の、「蒸気機関」と「電気」に関する10章を現代語訳して紹介したものです。もとの訳本は、全65章からなる４００ページ近い本ですが、ここではその内から2割に満たない65ページ分のみをとりあげました。以下がその内容です。

「53章　蒸気の力」「54章　蒸気機関」「55章　ドウニス・パペン」「56章　機関車」「57章　スティブンソン」「58章　電気」「59章　雷」「60章　雷の実験」「61章　避雷針」「62章　電信と電話」

この本の訳者である〈大杉 栄〉は無政府主義者として知られていますが、ファーブルの『昆虫記』やダーウィンの『種の起源』などを翻訳しています。日本で最初に出されたファーブルのシリーズ本である『ファブル科学知識叢書』は彼が全9冊の翻訳・監修の予定でした。しかし、最初の2巻を出したのみで、大正13（１９２３）年の関東大震災の直後に大杉は妻の伊藤野枝、甥の橘 宗一と共に憲兵隊に逮捕され、虐殺されてしまいました。その後、シリーズは訳者を変えて6冊だけ出版されました。

また１９２９年から新しいシリーズ（『ファブル科学知識全集』全13冊、アルス）が出版されますが、そこでは『自然科学の話』の本は、安成四郎訳『(ファブル科学知識全集3）自然科学物語』として収録されています。大杉 栄の名は消えて、共訳者であった安成四郎のみの名前になっていますが、訳文・内容は同じものです。『自然科学の話』も『自然科学物語』も、現在では手に入らず、他の訳本もありません。

ただ、ほとんど同じ内容が、大杉 栄・伊藤野枝訳『(ファブル科学知識叢書②）科学の不思議』（アルス、１９２３）の以下の章にも出てきます。

「34章　嵐」「35章　電気」「36章　猫の実験」「37章　紙の実験」「38章　フランクリンとド・ロマ」「39章　雷と避雷針」（以上、電気関係）、「47章　煮え立つ茶釜」「48章　機関車」（以上、蒸気機関関係）

『科学の不思議』の訳本として、先に紹介した①の本がありますので、興味を持たれた方はぜひ手にとってみていただけたらと思います。

＊

また、このブックレットに収録した「電気・蒸気」については、先の②で紹介した岩波書店発行のシリーズ中の以下の本の中に、蒸気機関やパパンやスティーブンソン、さらにはフランクリンやロマの話などが、とても詳しく書かれています。

・『（ファーブル博物記６）発明家の仕事』（松原秀一訳、岩波書店、２００４）

岩波書店刊のこのシリーズは、現在手に入る本の中で、ファーブルの多方面の仕事を現代に紹介したすぐれた仕事として、強く推薦します。

### ファーブルの訳文の現代語訳について

最後に、彼の本の翻訳を「現代語訳」として紹介した作業について説明しておきます。彼の本は１００年以上前に書かれたものであるため、文体や用語が違うだけでなく、現代の知見とは違うものが含まれます。いまと当時とでは社会の様子も科学の発展の度合いも違いますし、何より一般の人の持つ科学的知識が違います。彼のていねいな説明も、時にくどく感じられるところもあるはずです。

そのようなことを考慮して、今回の現代語訳はもとの訳文を極力残しつつも、かなり要約し、訳語の検討、表記の変換なども行い、さらに現代の知見から見て間違っているところには注を加えて説明しました。ファーブルの文の魅力は、読者がイメージができるように、難しい科学知識をわかりやすくさまざまな工夫をこらして伝えていることです。この現代語訳でそれが少しでも伝わることを願っています。

ファーブルについて詳しく調べてこられた板倉聖宣先生（元、国立教育政策研究所名誉所員）は、著書『模倣と創造』（仮説社）でファーブルの科学読み物とその意義を高く評価されています。この本をまとめることで、先生のお仕事を少しでも引き継ぐことができたのではないかと、うれしく思います。私は２０１９年から20年にかけて、月刊教育雑誌『たのしい授業』（仮説社）に1年半にわたり「ファーブルの自然科学物語」と題して、彼の科学読み物を紹介する連載をしました。それをまとめた本も近々出版される予定です。このブックレットやその本で、彼の仕事のほんの一部でも味わってもらい、彼の科学読み物に興味を持っていただけたらと願っています。

編者紹介

中 一夫（なか かずお）

1960年　鳥取県米子市に生まれる。

1985年　国際基督教大学（ICU）卒業後，東京都の公立中学校教員になり，現在に至る。教師３年目に仮説実験授業に出会い，以来「たのしい授業」の授業実践を続けている。同時に，「学校現場」の視点を重視しつつ，教育･科学から宗教･社会問題など，特定の分野にとどまらない幅広い研究成果を発表しつづけている。仮説実験授業研究会員。

著書：『たのしい進路指導』『タネと発芽』『学校現場かるた』『日本の戦争を終わらせた人々』，共著に『あきらめの教育学』，その他，板倉聖宣『（板倉聖宣セレクション１）いま，民主主義とは』を編集，『生きる知恵が身に付く道徳プラン集』『道徳大好き！～子どもが喜ぶ道徳プラン集』を監修（いずれも仮説社）。『学力低下の真相』（板倉研究室）。他に自費出版として『中学教師，おもしろい』『指揮者のミス・太郎と花子と桃子』『カウンセラーと教師の対話』『ビシッとした中の笑顔』『〈学力低下〉なんかこわくない』『教育学と仮説実験授業』『もっとたのしい《タネと発芽》』『地球のいま そして 未来』『〈不登校〉が示す希望と成長』『〈学級崩壊〉とは何か？』等がある。

---

2020年12月15日　初版発行（1500部）

編者　中 一夫
発行　株式会社 仮説社
170-0002 東京都豊島区巣鴨1-14-5第一松岡ビル３F
電話 03-6902-2121　FAX 03-6902-2125
www.kasetu.co.jp　mail@kasetu.co.jp
装丁　渡辺次郎
印刷・製本　平河工業社
用紙　鵬紙業（表紙：モデラトーンシルキー四六Y135kg／本文：モンテルキア菊T41.5kg）
Printed in Japan　ISBN 978-4-7735-0306-7　C0340

## ■仮説社の本

### 板倉聖宣の考え方　授業・科学・人生

**板倉聖宣・犬塚清和・小原茂巳 著**　板倉聖宣さんの著書や講演から，ルネサンス高校グループ名誉校長の犬塚さんが30のテーマを抜粋して紹介。それぞれのテーマについて，犬塚さんと明星大学の小原さんが分かりやすい解説と「読み方」を添えています。様々な時代の板倉先生の言葉は，今読んでも色あせるどころか，新鮮な気持ちにしてくれます。　四六判並製196ぺ　**税別1800円**

### 新版 もしも原子がみえたなら　いたずらはかせのかがくの本

**板倉聖宣 著／さかたしげゆき絵**　この宇宙のすべてのものは原子でできています。石も，紙も，水も，鉛筆も，そしてもちろん人間のからだも。小さすぎて見えない原子の世界を目で見ることができたなら，そこにはどんな世界がひろがっているでしょう？　かつて国土社から発売された同書の待望の改訂新版。　A４判変型上製48ぺ　**税別2200円**

### 科学者伝記小事典　科学の基礎をきずいた人びと

**板倉聖宣 著**　古代ギリシアから1800年代生まれの世界的な大科学者たちまで，85人の業績とその生い立ちを紹介。アイウエオ順ではなく，生年順に配列されているので，人名事典としてはもちろん，「科学の発展史」としても通読でき，科学者が生きた時代のイメージも膨らませることができる画期的な事典。　四六判並製230ぺ　**税別1900円**

### 数量的な見方 考え方　数学教育を根底から変える視点

**板倉聖宣 著**「数学」は「受験のときにしか役立たない学力」と見られがちです。しかし，「本当の数学」＝〈数量的な見方考え方〉というものは，「誰にでも楽しく役立つ基本的な知識」です。著者の〈概数の哲学〉やグラフ観は，これまで受けてきた数学教育のイメージを根底から覆す視点を与えてくれるでしょう。　B６判並製208ぺ　**税別1700円**

### 新哲学入門　楽しく生きるための考え方

**板倉聖宣 著**〈自分のアタマで科学的に考えたい〉と願う人に必要なのは，真理のモノサシ，つまり〈実験〉の方法と考え方。科学的認識の成立過程を研究してきた著者による，近代科学の実験観に裏付けられた哲学を展開。普通の哲学の本には書かれていない，現実の問題解決にも役立つ新しい哲学の入門書。　B６判並製214ぺ　**税別1800円**

### 気分はアルキメデス　ボクはお楽しみ科学実験出前屋

**蕑出　浩 著**　仮説実験授業に出会って科学の楽しさに夢中になり，前人未踏・お楽しみ科学実験出前屋を開始した蕑出さん。青森県東北町で世界初の「科学で町おこし」も進行中。大科学者の実験の追試や遊具開発で遊びまくる!! 唯一無二のエピソード満載。涙を誘う（？）愛犬ポチを使った動物実験も。　B６判並製187ぺ　**税別1900円**